河南科技大学动物科技学院"十三五"科技成果系列专著

云雾山国家草原自然保护区草地群落研究

赵凌平　陈晓光　著

中国农业出版社

北　京

前　言

　　云雾山草原自然保护区位于宁夏回族自治区南部山区的固原市，属典型的黄土高原半干旱区，为典型的草原植被地带，是中国科学院水利部水土保持研究所于 20 世纪 80 年代初期在我国西部建立的最早、保护最完整的本氏针茅草原自然保护区，是研究全球气候变化与生物多样性的重要基地。经过近 30 年的封禁管理，该地区生态效益、经济效益、社会效益显著，已成为我国西部草原植被恢复与草原自然修复的一个成功典范，为国家退耕还林草与地方封山禁牧工程的实施提供了重要科学依据。

　　自 2008 年第一次在云雾山国家级自然保护区开展系统定位研究以来，笔者对云雾山草原自然保护区植被恢复研究了 10 余年，主要围绕干扰对草地的影响、封育演替机制和草地繁殖更新几个方面开展了研究，本书也是笔者对典型草原多年野外工作的一个重要总结。在开展试验过程中，笔者得到了宁夏云雾山国家级自然保护区草原站工作人员的热心帮助，在此对他们表示衷心的感谢。

　　本书的出版得到国家自然科学基金资助项目（31302013）、青海省重点研发与转化计划（2019-NK-173）和河南科技大学博士启动基金项目（09001634）的资助。另外，在撰写过程中，笔者参考了一些文献和书籍，引用了一些数据和图表，在此向这些文献作者、专家等一并表示衷心的感谢。

　　由于水平有限，加上现在学科发展迅猛，学科间的相互渗透不断加强，因此本书存在不妥之处，诚望各位读者及专家提出批评和指正。

赵凌平

2020 年 4 月

目 录

前言

第一章　草地灌丛化研究进展　　　　　　　　　　　1

一、草地灌丛化简介　　　　　　　　　　　　　　2

二、草地灌丛化的形成机制　　　　　　　　　　　3

　　（一）全球和区域的气候变暖　　　　　　　　3

　　（二）空气中 CO_2 浓度的升高　　　　　　　　4

　　（三）放牧干扰　　　　　　　　　　　　　　4

　　（四）火烧干扰　　　　　　　　　　　　　　5

三、草地灌丛化对草地生态系统的影响　　　　　　6

　　（一）草地灌丛化对植被的影响　　　　　　　6

　　（二）草地灌丛化对土壤的影响　　　　　　　8

　　（三）草地灌丛化的空间动态变化　　　　　　10

四、草地灌丛化的发展进程　　　　　　　　　　　11

　　（一）D'Odorico 提出的草地灌丛化发展阶段　12

　　（二）熊小刚等提出的草地灌丛化发展阶段　　13

五、存在的问题与展望　　　　　　　　　　　　　15

第二章　灌草立体配置对退化草地土壤水分和养分的影响　17

一、材料与方法　　　　　　　　　　　　　　　　19

　　（一）研究区概况　　　　　　　　　　　　　19

（二）试验方法　　　　　　　　　　　　　　　　20

（三）数据分析　　　　　　　　　　　　　　　　22

二、结果与分析　　　　　　　　　　　　　　　　　22

（一）灌丛带不同取样位置土壤含水量的变化　　22

（二）灌丛带不同取样位置土壤养分含量的变化　　23

（三）灌丛带不同取样位置植物根系特征的变化　　24

三、讨论　　　　　　　　　　　　　　　　　　　　28

四、结论　　　　　　　　　　　　　　　　　　　　29

第三章　灌木短脚锦鸡儿扩张对草地植被与土壤的影响　　31

一、材料与方法　　　　　　　　　　　　　　　　　33

（一）试验方法　　　　　　　　　　　　　　　　33

（二）指标计算　　　　　　　　　　　　　　　　34

（三）数据分析　　　　　　　　　　　　　　　　34

二、结果与分析　　　　　　　　　　　　　　　　　34

（一）灌木短脚锦鸡儿扩张对本氏针茅群落物种组成
　　　的影响　　　　　　　　　　　　　　　　　34

（二）短脚锦鸡儿扩张对本氏针茅群落结构的影响　37

（三）短脚锦鸡儿扩张对本氏针茅群落物种多样性的
　　　影响　　　　　　　　　　　　　　　　　　38

（四）短脚锦鸡儿扩张对本氏针茅群落土壤养分的影响
　　　　　　　　　　　　　　　　　　　　　　　38

三、讨论　　　　　　　　　　　　　　　　　　　　39

四、结论　　　　　　　　　　　　　　　　　　　　41

第四章　灌木丁香扩张对草地植被与土壤的影响　　　　43

一、材料与方法　　　　　　　　　　　　　　　　　45

（一）地上植被调查　　　　　　　　　　　　　　45

（二）土壤理化性质测定   45

（三）群落多样性测定方法   46

（四）植物群落稳定性测定方法   46

（五）数据统计分析   47

二、结果与分析   47

（一）灌木扩张对不同群落植被特征的影响   47

（二）灌木扩张对不同群落草地物种多样性的影响   49

（三）灌木扩张对黄土草原植物群落稳定性的影响   49

（四）灌木扩张对不同群落土壤水分和养分的影响   50

（五）草本生物量、群落物种多样性与土壤水分和养分的关系   52

三、讨论   54

四、结论   58

第五章 火烧对草地群落的影响进展   59

一、火烧对草地物种组成和群落结构的影响   60

二、火烧对草地物种多样性的影响   62

三、火烧对土壤的影响   63

（一）火烧对草地土壤物理性质的影响   63

（二）火烧对草地土壤养分的影响   64

（三）火烧对草地土壤微生物的影响   66

四、火烧对植物自然更新的影响   66

五、火烧对芽库的影响   67

六、结论   68

第六章 云雾山典型草原优势草种生态位对火烧不同恢复年限的响应特征   69

一、材料与方法   71

（一）试验方法   71

（二）数据处理　72

二、结果与分析　73

（一）不同火烧恢复年限草地优势种群生态位宽度的
变化　73

（二）不同火烧恢复年限草地优势种群各种对的生态
位重叠指数变化　76

（三）不同火烧恢复年限草地物种多样性变化　81

三、讨论　82

四、结论　84

第七章　不同火烧年限对典型草原繁殖更新的影响　85

一、材料和方法　88

（一）试验方法　88

（二）数据分析　89

二、结果与分析　89

（一）火烧后植物群落的变化　89

（二）火烧对后代繁殖更新物种多样性的影响　90

（三）火烧后植物有性繁殖和无性繁殖对群落恢复的
影响　93

三、讨论　94

四、结论　96

第八章　封育对典型草原杂类草功能群和繁殖更新的影响　97

一、材料与方法　100

（一）试验方法　100

（二）数据分析　104

二、结果与分析　104

（一）禾草类和杂类草的植被群落变化　104

（二）禾本科和杂类草功能群繁殖更新的物种多样性
和密度变化　　110

三、讨论　　113

四、结论　　116

第九章　封育草地植物功能群和芽库研究　　117

一、材料与方法　　120

（一）试验方法　　120

（二）数据分析　　122

二、结果与分析　　122

（一）地上净初级生产力　　122

（二）地上植被茎秆密度　　125

（三）芽库密度　　125

（四）地上植被与芽库关系　　126

三、讨论　　128

（一）封育对不同功能群地上生物量和茎秆密度的
影响　　128

（二）封育对不同草地功能群芽库的影响　　130

（三）芽库在预测多年生草地对干扰响应中的作用　131

四、结论　　132

第十章　长期封育对地上和地下物种多样性的影响　　133

一、材料与方法　　135

（一）试验方法　　135

（二）数据分析　　136

二、结果与分析　　137

（一）地上植被的物种组成和物种多样性　　137

（二）土壤种子库的物种组成和物种多样性　　142

（三）土壤种子库密度 142

（四）地上和地下物种相似性 143

三、讨论 143

（一）长期封育对地上植物群落的影响 143

（二）长期封育对土壤种子库的影响 144

（三）地上和地下物种组成的相似性 146

四、结论 146

第十一章　不同干扰方式对典型草原地下芽库的影响 149

一、材料与方法 151

（一）试验方法 151

（二）数据分析 152

二、结果与分析 152

（一）不同干扰方式对草地群落特征的影响 152

（二）芽库总密度 156

（三）不同芽库类型的密度 156

（四）不同芽库类型比例 157

三、讨论 158

（一）不同干扰措施对芽库密度的影响 158

（二）不同芽库类型密度对不同干扰方式的响应 159

（三）不同芽库类型的相对贡献 160

四、结论 160

参考文献 162

第一章
草地灌丛化研究进展

一、草地灌丛化简介

灌丛化（bush/shrub encroachment）一词由 Van Auken（2000）提出，是指本土木本植物或灌木的密度、盖度和生物量增加的现象。人们最早发现"灌丛化"现象，是在 200 多年前的干旱半干旱地区，属于草原中原生物种木本植物的出现。到 20 世纪 80 年代，灌木的数量明显增加，并保持持续扩张趋势，开始引起生态学家的重视。此后草地灌丛化现象引起全球的广泛关注，国内外学者开始真正探索灌丛化的形成机制及对生态系统的影响。

草地灌丛化是近一个多世纪以来干旱半干旱地区植被变化的主要表现，已经威胁到草原及畜牧业生产的可持续发展。灌木的入侵，将会威胁到草地生态系统的稳定性，同时会引起草地资源分布的异质性和生产力的下降。以往对灌丛化的研究仅仅局限于区域的实地观察，大多比较零星，而且涉及的区域比较窄，在时间和空间上都存在研究阻碍。近十几年来，许多学者发现木本植物入侵的数量在增多、范围在扩大，在亚洲、北美洲、非洲，甚至在人烟稀少的北极地区均发现了灌丛化现象（Naito 和 Cairns，2011）。国外灌丛化研究范围集中于北美洲、中欧和非洲的干旱半干旱地区，研究内容集中于灌丛化的形成机制、对物种多样性的影响，以及灌木与草地之间的竞争关系等。在美国西南部，草地灌丛化研究已发展到解释复杂内外驱动因素的作用机制，并探讨了控制草地灌丛化发展的方法等方面（Caracciolo 等，2016）。虽然灌丛化在我国草地生态系统中广泛存在，但在我国草地灌丛化的研究过程中，针对植物群落结构、土壤结构与功能等关键性生态学过程和机制等方面的研究还处于起始阶段。国内灌丛化研究范围集中于宁夏、甘肃、内蒙古等干旱半干旱地区，研究内容集中于灌丛化过程的驱动因子、木本植物种群结构和空间分布格局、灌丛化与土壤性质的关系。但是由于不同生态系统有属性差异，因此灌丛化的过程和影响也不尽相同。各地区草地灌丛化的研究极不均衡，许多问题还有待解决，如草地灌丛化发生过程和机制、灌丛化是否造成生态环境退化、灌丛化草地能否恢复、哪种控制灌丛化的方法更有效等，探明这些对全面理解草地灌丛化的生态学意义至关重要。本章综述了草地灌丛化的成因，对植被和土壤的影响，演替进程和空间动态的变化，提出相应存在问题的同时并对未来主要研究方向做出展望，希望有助于理解灌木在天然草原中的作用和地位，以及为干旱半干旱地区植被生态恢复提供参考。

二、草地灌丛化的形成机制

（一） 全球和区域的气候变暖

在气候变暖的环境下，温度的不断上升和冻害的不断减少，受到低温限制的灌丛死亡率也随之减少，为灌丛化面积的扩大创造了更有利的条件。Sanz-Elorza 等（2003）以西班牙中部山脉为研究对象，根据短时间的航空影像并结合该时段气候数据进行对比发现，随着温度的不断升高，灌木植物逐渐代替草本植物并占据优势地位。在西班牙中部山脉发现，气候变暖会降低灌木的死亡率，并且灌木植物逐渐取代原本占优势的草本植物群落（Gonzalez-Moreno 等，2013）。在北美洲西南部的沙漠，当地表温度接近−18℃时，优势种灌木三齿拉雷亚灌木（*Larrea tridentata*）极易受到低温胁迫而致死，因此该物种的地理分布北缘被限制在索诺拉沙漠冬季最低等温线为−18℃处，然而近几年温度的升高降低了冻害对该物种的胁迫，有利于其生长发育（Martinez-Vilalta 和 Pockman，2002）。还有研究指出，在草地灌丛化中，对低温敏感的本木植物起主要作用，如在德克萨斯西南部和新墨西哥扩张的木本植物蜂蜜牧豆树（*Prosopis glandulosa*）（Sekhwela 和

Yates，2007)，以及在南非萨瓦纳草原扩张的灌木具蜜金合欢（*Acacia mellifera*）(Felker 等，1982)。因此，气候变暖对木本植物生理的影响经常作为草地灌丛化的驱动因子而被研究。但是，该形成机制解释不了在相同气候区域内草本植物向木本植物转化的原因。

（二） 空气中 CO_2 浓度的升高

Derner 等（2005）认为，空气中 CO_2 浓度升高时，木本植物比草本植物有更高的净光合效率，会导致木本植物的生长速率高于草本植物，这将促进草地灌丛化的进程。在生态系统中，灌木植物通常具有 C_3 光合途径，而草本植物是 C_4 光合途径。由于光合途径不同，C_4 草本植物网比 C_3 灌木有较高的水分利用效率，因此 C_4 草本植物比 C_3 灌木在干旱半干旱地区有更强的竞争能力。但是随着空气中 CO_2 浓度的升高，外界与植物细胞内 CO_2 浓度的差提高了 C_3 灌木植物的水分利用效率，降低了 C_4 草本植物的竞争能力。因此，空气中 CO_2 浓度的升高支持了干旱半干旱地区草地向灌丛地的转变。但是该形成机制也受到了挑战，因为大气 CO_2 浓度的全球尺度变化无法解释植被的局部尺度异质性变化。

（三） 放牧干扰

草地灌丛化的发生往往与放牧强度有关。关于灌丛化的成因，以往普遍认为过度放牧是推动干旱半干旱地区草地灌丛化的主要因素。适当的放牧对生态系统有促进作用，加快了植被繁殖更新的速度，但是不科学的过度放牧会打破生态平衡，间接地加快灌丛化演变的进程。在热带稀树草原草原上，重度放牧区的灌木密度、盖度、生物量等指标明显高于轻度放牧区或未放牧区，重度放牧维持了灌木在群落中的优势地位（Skarpe，1990)。一方面，过度放牧会加重草地的载畜负荷，使原草地生态系统变得脆弱，不仅使结构和稳定性呈下降趋势，还导致草的生产力下降，甚至逐渐消失；另一方面，与灌木相比家畜采食时更偏向于草本植物，或家畜采食过程中会携带灌木种子，这为灌木的发展带来了更多的机会。关于放牧与灌丛化入侵的关系出现了不同的观点，在澳大利亚地区有一种灌木 *Acacia sohorae*，牲畜非常喜食，但限制了在该地区灌木的扩张（Costello 等，2000）。在美国的灌木丛草地，山羊重度放牧对多年生牧草没有影响，反而降低了灌木的盖度，抑制了草地灌丛化（Seversonk 和 Debano，1991）。研究指出，灌木入侵也会发生在没有放牧的草地生态系统中（Caracciolo 等，2016）。放牧引发灌木入侵草原的假说受到挑战，过度放牧本身可能不是促进灌木入侵的直接原因，而是长期放牧后放牧强度的减轻甚至休牧引发了灌丛化的发生。在过度放牧后实施封育措施下，何种机制引发灌木入侵草原尚未明确。

（四）　火烧干扰

火烧是对灌木的主要干扰因素之一，长期以来被认为是维持干旱半干旱地区低灌木密度的主要管理措施。火烧对维持"草本-木本"群落的平衡起着重要的作用。火烧强度和草地类型，均会影响火烧在生态系统中的作用。轻度低频的火烧减少了作为燃烧原料的草本植物及枯落物，对木本植物的生长有促进的作用（Ratajczak 等，2014）。在较湿润的草原上，草本植物能提供大量的燃料，导致高强度高频率的火烧，因此阻止了灌木的扩张（Midgley 等，2010）。相反，在较干旱、稀树的草原上，草本植物能提供的燃料物质较少，火烧频度和强度难以杀死成年或幼龄灌木，这为灌木的扩张提供了机会（Joubert 等，2012）。在干旱半干旱地区，主要是草本植物增加了燃料负荷问题。因此，灭火有利于以草本植物为代价的灌木扩张，从而导致燃料负荷的减少，以及火灾发生率和强度的降低。

草地发生灌丛化可能是某一因子起主要作用，也可能是多个因子综合作用的结果。尽管以上这些形成机制都是有说服力的，但是在不同的环境条件下，它们的相对重要性如何变化尚不清楚。另外，草和灌木限制因子的不同增加了环境对二者竞争优势影响的复杂性。火烧和放牧作为草地主要的干扰措施，往往共同影响草地灌丛化进程。在北美洲地区，过度放牧降低了易燃草本植物的盖度和生物量，进而降低了火烧发生频率，因此为灌木的定居和扩张提供了有利条件（Ravi 等，2009）。另外，在非洲年均降水量大于 650 mm 的地区，热带稀树草原在火、放牧等干扰下灌木盖度增加，草地中可存在灌草共存的景观；而在年均降水量小于 650 mm 的地区，火烧、放牧等的干扰则导致了灌木盖度的降低（Sankaran 等，2005）。可见，除了放牧、火烧影响外，草地灌丛化的发生在降水量上存在一个阈值，决定着草地的发展方向。因此，在多样的环境下，观察草地灌丛化的发生和发展至关重要。

三、草地灌丛化对草地生态系统的影响

（一） 草地灌丛化对植被的影响

草地灌丛化与生态系统结构和功能的变化紧密相关。草地灌丛化的不断发展，对物种组成、群落结构及物种多样性均会产生一定的影响。

1. 草地灌丛化对物种组成和群落结构的影响 灌丛化草地作为一种新的植被景观，从物种组成来看，表现为由占据优势的草本植物向灌木的转变，也是物种由阳性草本植物逐渐转变为阴性及中性木本植物的过程，这使得植物群落的物种组成发生了改变。夏菲（2017）通过对乌海荒漠植被草原灌丛化的植被资源状况调查得出，物种从 15 种减少到 12 种时，盖度从 60%～70%降低到 30%～40%，优势种发生了变化，群落结构趋于简单。

但是也有研究指出，随着草地灌丛化的发展，灌木优势群落总物种数比草本优势群落物种数多，灌木优势群落的层物种数均比草本优势群落的木本层和草本层物种数多（班嘉蔚等，2008）。产生分歧的原因有很多，可能与植被的类型、灌丛化发展的阶段、地理位置及环境因素有关，因此灌丛化对物种组成的影响没有形成统一的定论。

在草地灌丛化的过程中，灌木与草本植物一直处于相互竞争状态，灌木个体在空间上有很强的优势，严重限制了草本植物的发展，为自身提供了更多存活的机会。在群落尺度上，随着灌丛化的不断发展，灌木的密度、盖度和生物量会显著增加，相反草本植物则会显著降低。在南亚热带的鹤山草坡灌丛化过程中，灌木优势群落的高度和冠幅均显著高于草本优势群落（班嘉蔚等，2008）。Zavaleta 和 Kettley（2006）以加利福尼亚草原为研究对象发现，灌丛化过程中生态系统的地上、地下生物量均呈增加趋势。草地灌丛化过程中地上生物量会有所提高，一方面，灌木在一定程度上限制了家畜和野生动物采食，减少了损失，为生物量的累积提供了机会；另一方面，灌丛化提高了土壤中的有效养分，促进了灌木的生长和发育，使生物量增多。

2. 草地灌丛化对物种多样性的影响 物种多样性一直是群落植被研究的基本内容，草本优势在向木本优势植物的转变过程中，物种多样性会发生变化。Baez 和 Collins（2008）以美国新墨西哥州为研究对象发现，在近 100 年来的草地灌丛化过程中，木本植物与草本植物的群落稳定性相比较弱，而且物种丰富度呈下降趋势。Ratajczak 等（2012）以北美洲的多个不同类型草原为研究对象，综合分析草地灌丛化对物种多样性的影响，结果表明灌丛化导致北美洲草原群落中物种的多样性显著降低。彭海英等（2013）以内蒙古地区不同程度退化的草地为研究对象发现，当草本植物占据优势时或灌木小叶锦鸡儿占据优势时，这两种状态下系统均相对稳定，能够维持较高的生物多样性生物量；但是在灌丛化演变过程中，草本植物与木本植物相互作用强烈，系统处于不稳定状态，仅仅可以维持相对较低的生物多样性和生物量。

（二） 草地灌丛化对土壤的影响

草地灌丛化过程中，草本植物的覆盖面积减少，裸地范围扩大，空间分布格局改变，导致土壤水分养分流失和高度异质化，形成"沃岛效应"。土壤的理化性质是草本植物和木本植物地下竞争的关键因素。

1. 草地灌丛化对土壤物理性质的影响 土壤容重、土壤孔隙度与紧实度是反映灌丛化过程中土壤肥力及生产性能的重要指标。在灌丛化的过程中，土质决定了灌丛化的发展，灌丛化对土壤的物理性质也有相应的反馈。以正在受灌丛化不断威胁的埃塞俄比亚草原地区为例（邢媛媛等，2017），随着灌丛化土壤深度的增加，土壤含水量明显呈上升趋势，同时还发现土壤容重和紧实度呈先下降后上升趋势。但是在晋西人工灌丛林地，随着小叶锦鸡儿灌丛生长年限的延长，土壤容重呈逐渐下降趋势，而土壤孔隙度逐渐增大（张强，2011）。这与 Li 等（2013）的研究结果一致，不仅土壤容重随灌丛生长年限的增加而减小，而且与周围草地斑块相比，灌木斑块的土壤容重较低。彭海英等（2013）对内蒙古草原的研究表明，草地灌丛化过程改变了土壤的物理性质，增强了土壤的空间异质性，有利于灌丛斑块吸收更多水分并贮存在更深层的土壤中。但是客观来看，草地植被覆盖率降低，地表失去均一性，从而会加速土壤侵蚀和风蚀。在逆境胁迫下，灌木为抵御不利环境，根部会出现更多沉积，可以改变根部土壤的物理和化学环境。

2. 草地灌丛化对土壤养分的影响 灌木入侵会导致草地土壤养分和群落组成发生高度空间异质化，同时也会引起生态系统中的碳、氮循环及其储量发生变化。灌木属于根系发达的植物，大量的根系分泌物及根部组织脱落物会在土壤中沉积，这样会增加根际土壤中 C、N、P 等的含量。以内蒙古不同发展阶段的灌丛化草地为对象研究发现，在相同土层的狭叶锦鸡儿（*Caragana stenophylla*）灌丛群落中，灌丛内的土壤养分均高于灌丛外，而且随着灌木的不断扩张，这种趋势越来越明显（关林婧等，2016）。同时还有研究发现，灌丛对全氮、全磷、有效磷、碱解氮含量的增加效应集中于表层以下，以土层 0～10cm 的养分增加效应最为明显，草地灌丛化会影响土壤资源的空间分布，改变土壤中养分和水分在灌丛及草地间的分配格局（杨阳等，2014）。随着灌丛化程度的不断加深，土壤全氮和有机质含量呈现逐渐增加的趋势，但土壤中有效磷和速效钾则呈逐渐下降的趋势，土壤的肥力出现不同程度的下降（张强，2011）。另外，还有研究表明沿着灌丛中心向外，土壤有机碳与全氮贮量呈逐渐下降的趋势（柴华等，2014）。随着灌丛化的发展，灌丛斑块面积逐渐扩大，土壤中的主要营养元素 N、P、K、Ca 和 Mg 等均呈现从灌丛边缘向周围递减的趋势，这会显著影响灌丛周围土壤的养分状况，容易出现裸地现象，因此成为土壤侵蚀频发的地区，最终可能会引起生态系统的退化。

3. 草地灌丛化对土壤中微生物的影响　土壤中最活跃的部分就是微生物，它可以通过代谢完成氧气与二氧化碳的交换，同时还能分解有机质和矿物质，以及调节和促进植物的生长与繁殖。根际是由植物、土壤、微生物协同组成的一个微生态系统，灌丛化的微生态系统中有大量的沉淀物及微生物活动，会使根际的土壤酶活性发生异常变化，灌丛化的根际土壤酶活性会高于根外，表现出显著的根际富集效应。张强（2011）对小叶锦鸡儿灌丛的研究表明，表层土壤中的微生物总数大于底层土壤，土壤微生物数量由丛心、丛中到丛边逐渐减少（细菌、真菌占总菌数的比例逐渐下降，放线菌的比例在增加），表现出明显的肥岛效应。Li 等（2017）研究指出，沃岛内土壤中有机质、碳、氮、磷含量及微生物生物量都明显高于灌丛外。另外，灌木入侵对土壤微生物群落的结构和物种丰富度有显著的影响。Mazzarino 等（1991）通过对内蒙古灌丛草原的灌木斑块和相邻草地斑块进行对比发现，灌木斑块内土壤表层的微生物、革兰氏阴性菌、丛枝菌、根真菌和放线菌的数量均显著高于草地斑块，土壤深层中的真菌与细菌数量显著高于草地斑块。可见，灌木丛扩张时不仅能影响土壤中的微生物数量，还能显著增加土壤中真菌、细菌、放线菌的数量，在一定程度上改变土壤结构，增加养分循环，提高土壤养分的利用率。

（三）草地灌丛化的空间动态变化

在草地灌丛化的过程中，草地和灌木地都存在空间异质性，异质性的大小取决于植物之间的大小。草地空间异质性的规模相对于灌木丛更为细腻，草地的空间异质性低于灌木丛，说明草地的群落均匀性更好。假设不受外界干扰，则草地群落中会形成良好的空间结构，从而能使群落维持相对长期的稳定。

在以草本植物为优势的群落被以灌木植物所替代的过程中，植被呈现较多的集群分布，土壤也越来越集中于灌丛下的沃岛范围内，使斑块面积增加，草地植被和土壤资源的分布空间异质性增加。当用变异系数 CV 来表示水平分布空间的异质性大小时，Schlesinger 等（1996）研究表明，灌丛群落相同土层中的 Cl^-、CO_4^{2-} 和 PO_4^{3-} 等离子的平均浓度均高于临近草地，可见土壤中的这些养分在灌丛群落内的空间异质性较大。用地统计学的变异函数模型研究灌丛和临近草地土壤的空间异质性也表明，土壤养分分布格局比草地具有更高异质性，这与灌丛"沃岛"生物地球化学过程密切相关。另外还有研究指出，在灌丛群落中，并不是所有的土壤养分都有强烈的空间异质性，只有对灌丛生长重要的氮和磷才有较高的变异。灌丛化群落的异质性分布，有利于形成对抗不利因素干扰的空间生态位，从而提高灌木的存活力和竞争力。在灌丛化演变的过程中，群落结构的异质性与物种的多样性密切相关。当有良好的生存空间和丰富的资源时，就可为灌木的入侵提供良好的条件，灌木就可在合适的生态位定居生存。

可见，灌丛化与生态系统的功能和过程的变化紧密相关。长期以来草地灌丛化被认为是草原退化或者沙漠化的另一种表达方式。灌丛化引起的土壤养分空间异质性作为干旱半干旱环境荒漠化的标志（Schlesinger 等，1990）。大量研究集中在草原灌木化对生态系统过程的负面影响，灌木的入侵破坏了草地植被的相对均一性，降低了草地物种的多样性、盖度和初级生产力，减少了土壤水分和养分库，改变了元素分布，引发了地表径流、土壤侵蚀和荒漠化（da Silva，2016）。但最近的全球性集成研究表明，灌丛化对生态系统具有中性甚至积极作用，如提高生态系统物种的多样性和稳定性，增加土壤水分的下渗，提高土壤肥力、微生物数量和物种丰富度，加强草地生产力和碳固定，以及促进氮矿化等（Matthias 等，2017）。灌木化不能等同于土壤退化甚至沙漠化（Eldridge 等，2011），甚至 Maestre 等（2009）认为灌木化可以逆转地中海东南部草地的沙漠化。灌木斑块对生态系统结构和功能的积极作用会随着灌木密度的增加而改变。在景观尺度上，入侵的植被与草原退化之间也没有明确的相关性。灌丛化在不同地域、不同人类活动扰动情形下对生态系统的影响尚未得到一致的结论。目前，草地灌丛化是否会导致生态系统结构和功能退化及哪种灌丛化草地可以恢复已成为研究热点。

四、草地灌丛化的发展进程

针对草地灌丛化的发展进程，国内外学者利用建模、空间代替等方法，提供基础的框架，揭示草地演变成灌丛的过程，为草地灌丛化过程中的管理提供了理论上的借鉴（D'Odorico 等，2012）。

（一） D'Odorico 提出的草地灌丛化发展阶段

D'Odorico 等（2012）利用简单的建模框架来解释北美洲地区草地向灌木过渡的 4 个基本阶段，并论述草地向灌木转变各个阶段的驱动因素和反馈（图 1-1）。

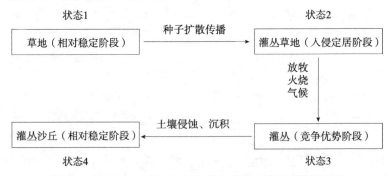

图 1-1 D'Odorico 等（2012）提出的草地灌丛化发展阶段

1. 稳定草地阶段 无论是内源反馈还是外界干扰，草地都处于相对稳定阶段。在未受干扰的草地上，虽然此阶段是几乎没有灌木的纯草地，但是仍有一些灌木的幼苗存在于土壤中，这为灌木以后的生存和生长提供了基础。然而此时灌木的内源优势和外源优势不明显，不能充分有效地利用资源。

2. 入侵定居阶段 随着灌木种子散布范围的扩大，此阶段草地上开始出现有限的灌木，灌木种子的扩散主要是由气候变化引起的。另外，牛、羊和马等家畜作为灌木种子散布的"促进者"，为灌木的发展提供了机会。草本植物盖度发生了变化，引起了系统内部的反馈，从稳定性草地状态过渡到草地和灌木的混合状态。但在此阶段，草本植物对土壤资源的利用还是优于灌木，没有发生明显的竞争优势的转变，此过程是可逆的。

3. 竞争优势阶段 在外部因素（气候变暖和空气 CO_2 的增加）和人为因素（持续强烈的放牧）的综合影响下，灌木变得越来越有竞争优势，草本植物盖度持续降低。草地生物量的减少，降低了火灾的发生和灌木幼苗的死亡率，从而给灌木提供了更多的发展机会。灌木充分利用水资源和土壤养分，进行积极反馈，引发从草到灌木竞争优势的转变。在这个阶段，从草地过渡到灌木是可逆的，主要取决于灌木年龄和灌木物种。

4. 相对稳定阶段　最后阶段的转变是灌木沙丘，一般只发生在风蚀严重的沙质土壤中。当草的生物量损失严重时会引起水土流失，随之而来的是浅层土壤资源的流失及进一步破坏草的盖度，从而使更大部分的土壤表面暴露，风蚀加重。一旦所有的草皮没有了，形成了裸露的斑块，则最终可能就会导致不可逆的灌木沙丘。植物群落的组成发生变化，会出现相应的微环境，植被与小气候之间存在着一定的反馈，裸土的增加可能会导致局部地区产生变暖效应，从而有利于灌木持久性地生长。世界各地的许多沙漠，可能是由风蚀过程和灌木植被之间的相互作用引起的，它们的形成被作为灌木入侵过程的后期阶段。由于内源或外源机制不同，因此4个阶段转变的主驱动力不同。

（二）　熊小刚等提出的草地灌丛化发展阶段

熊小刚等（2005）以内蒙古退化草原为研究对象，运用时空代替研究法，将灌木入侵过程分为3种生态相对稳定状态：原生草原→灌丛化草原→沙丘灌丛地。在状态1下，灌丛的生态功能弱于草地基质，但是定居成功的灌木利用自身及环境优势，为以后的入侵和扩张奠定了基础；由状态1向状态2的转变以植被变化为主，生物因素为主要的驱动因子，此时的草地基质出现退化，灌丛的生态功能增加，资源利用上远远优于草本植物，并伴随斑块现象。由状态2向状态3的转变则是以土壤变化为主，土壤物理性质起主导作用，此时沙丘灌丛出现，有比较固定的物种组成和数量比例，地表退化严重，灌丛外风沙活动强烈，生态系统功能趋于丧失（图1-2）。

综上所述不难发现，灌木入侵的早期阶段是可逆的，即此时草

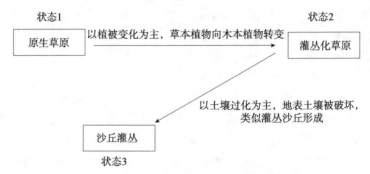

图 1-2　熊小刚等（2005）提出的草地灌丛化发展阶段

地发生灌丛化是可恢复的。在此阶段，如果进行积极管理和干预，限制不科学的放牧和阻止灌木散布，很可能会促进草的生长，限制灌木的持续扩张，这时的管理可能是最有效的。而在草地灌丛化发生的中期和后期阶段，再进行管理和控制也较难于恢复。因此，草地灌丛化的管理与控制应注意采取措施的时机问题。草地灌丛化的控制措施主要包括火烧、有计划地放牧和人为去除灌木等。其中，火烧是控制灌木入侵和增加牧草比较有效的措施（Wang 等，2018），特别是在灌木入侵的早期阶段及时火烧的效果最明显。在墨西哥奇瓦瓦 Chihuahuan 沙漠，在灌木入侵所导致的早期退化草地上，火烧提高了草本植物的竞争优势，降低了灌木的盖度和密度，减慢了草场的退化速率，有效抑制了灌木的入侵（Killgore 等，2009）。另外，只有对同一区域进行有规律的火烧才能达到控制灌木入侵的效果，且注意火烧频率，并不是火烧越频繁控制效果越好。火烧已经成为北美洲中部大草原控制草地灌木化的重要手段，每 3～5 年进行一次（Knapp 等，1998）。而在润湿的草原上，大约每隔 15 年的火烧更有利于草地生态系统的健康发展（Lohmann 等，2014）。

五、存在的问题与展望

　　关于草地灌丛化的形成机制及对生态系统功能和结构的影响，一直是国内外植物生态学家研究的重点。虽然关于灌丛化的驱动因素获得了许多规律性的见解，但关于草地灌丛化的发生过程和机制的结论仍不够系统和完善，因此许多问题还有待解决。目前，灌丛化对草地生态系统结构和功能的影响、灌丛化草地能否恢复和控制灌丛化的有效措施还没有形成统一的定论，这主要与草地类型多样、研究区域尺度和研究方法等有关。以往对草地灌丛化的研究多基于自然过程的调查研究和具体研究区域的分散研究，因此全球尺度长期控制试验的实施和大数据的整合分析十分必要，这更有助于揭示草地灌丛化的过程和机制。基于目前的研究现状，今后对灌丛化的研究可以从以下几个方面展开：草地灌丛化过程虽然可能降低了草地的家畜承载力，对生产功能造成影响，但会提高草地生物的多样性，增加水源涵养和固碳功能，因此厘清灌丛化对人类的利弊、定位灌丛草地的功能是今后研究的重点；在时间上，应该延长对灌丛化的野外控制及研究周期，加强长时间探讨灌丛化内源因子、外源因子及植被演替之间的正反馈；在空间上，不应该只基于对自然过程的观察和分析，应该划分不同灌丛化盖度、不同植被演替阶段和不同土质利用等；灌丛化是否会造成生态环境退化、灌丛化草地能否恢复、哪种控制灌丛化的方法更有效等；同时，可以利用遥感影像、航空拍摄等先进技术进行研究分析，不仅能够大范围地，对灌丛化的过程和机理进行阐述，而且有利于对灌丛化加强管理。

第二章

灌草立体配置对退化草地土壤水分和养分的影响

水土流失和植被退化是黄土高原面临的主要环境问题，二者相互影响（Fu等，2011）。水土流失的治理主要采用水土保持工程措施、生物措施和耕作措施相结合的方式。其中，生物措施又称水土保持林草措施，在水土流失和生态修复方面具有显著优势，被认为是防治水土流失的根本措施，也是黄土高原沟壑区固沟保塬的重要举措。黄土高原西部适宜灌木林生长的荒山荒坡地占坡地总面积的65%（程积民等，2003）。为改变荒山荒坡水土流失、土壤水分亏缺和草地退化现象，当地采取了一系列措施来增加土壤水分、促进草地植被的恢复。1985年在黄土高原荒山荒坡采用工程整地措施和生物配置措施种植了大量的人工灌丛林，进行了灌草立体配置。柠条（*Caragana korshinskii*）和野山桃（*Amygdalus davidiana*）是西部水土保持和固沙造林的重要树种，也是适宜该区灌草立体配置建造的优良灌木类型（Jackso和Hobbs，2009；杨冬冬，2018），但是30年灌草立体配置对土壤水分和养分影响的研究尚未有明确结论。

目前，国内外学者对人工灌丛林作了许多研究，但大多数研究侧重于群落特征、物种多样性（胡相明等，2006；Naito和Cairns，2011；白日军等，2016）。在黄土高原地区，以往灌草立体配置的研究集中于土壤水分和水分调控方面（程积民等，2003；张源润等，2007），而有关灌草立体配置对退化草地土壤养分和植被根系的影响报道较少。程积民等（2001）在研究灌草配置15年对土壤水分的影响报道中指出，水平阶整地的灌草立体配置可提高1.6%～5.0%的土壤含水量，但是灌草立体配置30年后土壤含水量的动态变化需要进一步分析研究。针对以上问题，提出2个假设：①灌草立体配置提高了退化草地的土壤水分和养分；②土壤水分与养分的提高与植物根系特征密切相关。为此笔者选取种植 30 年的人工柠条和野山桃搭配灌草丛为研究对象，比较 3 种不同生境（灌丛带内部、灌丛带边缘和灌丛带外部）中的土壤水分、养分和植物根系相关参数的差异，探究灌草立体配置 30 年对退化草地土壤水分和养分的影响，希望为黄土高原水土保持和生态恢复提供理论依据。

一、材料与方法

（一）　研究区概况

研究区位于黄土高原中部的云雾山国家草原自然保护区内（东经 106°16′—106°27′，北纬 36°10′—36°19′），海拔 1 700～2 148m，属半干旱大陆性气候。年平均降水量 458mm，其中 7—9 月的降水量可达全年的 1/4。年平均气温为 8.4℃，气温最低月为 1 月（平均最低气温约−14℃），气温最高月为 7 月（约 25℃）。年平均蒸发量 1 440 mm，年太阳总辐射量 2 500 MJ/m²。

云雾山自然保护区拥有我国西部地区最早、保存最完整的本氏针茅群落。1982 年前该区由于草地过度放牧引起了严重的草地退化和水土流失，以后该区开始实施禁牧措施。然而，自 1982 年以来气温的升高（1.9℃）可能抑制了该区植被的生长（Xie 等，2016），并降低了封育的有益影响。保护区由 3 个部分组成：核心区、缓冲区和试验区。

研究区土壤类型简单，主要以淡黑垆土和黄绵土为主，土壤 pH 为 8.0～8.6。该区植被属温带草原，以无性繁殖、多年生草本植物为主，以本氏针茅（*Stipa bungeana*）、铁杆蒿（*Artemisia sacrorum*）、大针茅（*Stipa grandis*）、百里香（*Thymus mongolicus*）、星毛委陵菜（*Potentilla acaul*is）和冷蒿（*Artemisia frigida*）等为常见种（Cheng 等，2016）。本氏针茅群落为优势种，分布最广泛。草地盖度为 55%～90%，每平方米的物种有 10～26 个。

（二） 试验方法

选取种植 30 年的人工柠条和野山桃搭配灌丛带样地为研究对象，样地位于阴坡，坡度 15°～20°，海拔 2 019 m。该地区的地带性土壤主要以黑垆土和黄棉土为主，表层有沙覆盖，沙粒含量占土壤总质量的 64%～73%，黏粒含量占土壤总质量的 17%～20%。于 2018 年 8 月开展群落调查，此时植物处于生长发育的高峰期。灌草立体配置以前，该样地为退化的本氏针茅群落。灌丛带成条带状分布，灌丛带之间的宽度为 1.5～2.0 m，灌木株距 0.5～0.8 m，具体配置参考程积民等（2001）的研究内容。灌木柠条和野山桃的生长情况见表 2-1。

表 2-1　两种灌木植物生长状况

灌木类型	冠幅 (cm²)	基径 (cm)	株高 (m)	地上生物量 (g/m²)
柠条 Caragana korshinskii	303×299	26	2.14±0.12	1 654.65
野山桃 Amygdalus davidiana	115×134	28	1.16±0.13	639.50

在样地内，随机设置 15 个 5 m×5 m 的样方。在每个大样方内，参考柴华等（2014）的取样方法，根据距离灌丛带的位置，分别在灌丛带内部、灌丛带边缘（距灌丛 0.5 m）和灌丛带外部（灌丛带与灌丛带中间为草地，距灌丛带 2 m），用直径 4cm 土钻取 0～10cm、20～40cm、40～60cm 和 60～80cm 土层土样，然后从东、南、西、北 4 个方位取 4 钻土混合（图 2-1）。土壤样品均在天气晴朗且地面干燥的环境下采集。所取土样分为 2 份，其中一份样品放入铝盒中，称重后放入烘箱中，105℃下烘干至质量恒定，用于测量土壤的含水量；另一份样品装入自封袋编号，带回室内进行分析，然后挑选出土壤样品中所有根系、凋落物与小块砾石后，置于阴凉通风处自然晾干，将风干的土壤

样品磨细后过孔径 2 mm 筛。土壤含水量用重量法测定（105～110℃，10 h）（田宁宁等，2015），有机碳含量用重铬酸钾-外加热含量法测定（刘伟等，2012），土壤碱解氮含量采用碱解扩散法测定（王晓岚等，2010），全氮含量用凯氏定氮仪测定（王彦丽等，2019），全磷含量用酸熔钼锑抗比色法测定（苏纪帅等，2017）。

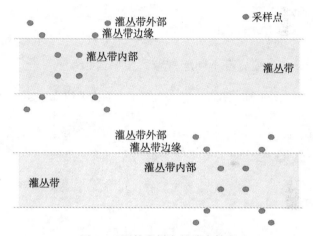

图 2-1　野外取样点的分布情况

在样地内，根据距离灌丛带的位置，分别在灌丛带内部、灌丛带边缘和灌丛带外部（灌丛带与灌丛带中间）用直径 9cm 根钻分别取 0～15cm、15～30cm 和 30～45cm 土层植物根系样品，将同层的 3 钻根系样品混合装入自封袋编号，回到实验室待冲干净泥水后即可达到根系与土壤完全分离的目的，再用镊子将根系挑出，清除细沙，挑除枯枝、叶和苔藓等杂物，将洗净的根系编号，称重后自然风干。将根系置于透明塑料根盘内，在 300 dpi 分辨率下进行扫描并获取根系图像，之后利用 WinRhizoPro 软件对根系图像进行分析，以获得根长、根表面积和根体积等相关重要指标。根系生物量的计算公式（苏纪帅等，2017）为：根系生物量（g/m²）＝根系质量/根系体积。

（三） 数据分析

使用 SPSS 20.0 软件对数据进行统计分析，数据用"平均值±标准误"表示。采用单因素方差分析比较灌丛带不同取样位置之间土壤水分和养分的差异显著性，使用 Tukey-test 进行两两比较，采用线性回归分析比较根长与土壤水分和养分的相关关系。

二、结果与分析

（一） 灌丛带不同取样位置土壤含水量的变化

由图 2-2 可知，在 0～20cm 土层，灌丛带内部土壤含水量显著高于灌丛带外部 21.3%（$P<0.05$），但灌丛带内部与灌丛带边缘差异不显著（$P>0.05$）。在 20～40cm 土层，灌丛带 3 个位置土壤含水量差异均不显著（$P>0.05$）。在 40～60cm 和 60～80cm 土

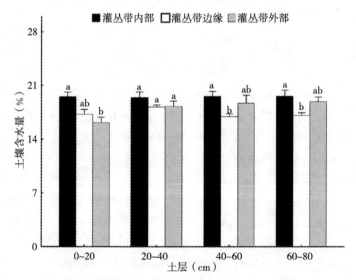

图 2-2 灌丛带不同土层 3 个取样位置土壤含水量的变化

注：不同小写字母表示不同取样位置间差异显著（$P<0.05$）。

层，灌丛带内部土壤含水量显著高于灌丛带边缘，但与灌丛带外部的差异不显著（$P>0.05$）（图 2-2）。可知灌丛带内部土壤含水量最高，灌木的种植主要提高了灌丛带内部的土壤含水量。

（二） 灌丛带不同取样位置土壤养分含量的变化

表 2-2 显示，在土壤剖面的垂直方向上，灌丛带 3 个位置的全氮、碱解氮和有机碳含量均随土层的增加呈下降趋势，而全磷含量变化不显著（表 2-2）。在 0～20cm 土层中，灌丛带内部的土壤全氮、碱解氮和有机碳含量均最高，均显著高于灌丛带外部（$P<0.05$），但与灌丛带边缘的差异不显著（$P>0.05$）。在 20～40cm 土层，灌丛带内部土壤全氮和有机碳含量分别比灌丛带外部显著增加了 43.5% 和 19.0%（$P<0.05$），灌丛带内部土壤碱解氮含量较灌丛带边缘和外部分别显著增加了 26.7% 和 23.0%（$P<0.05$）。在 40～60cm 和 60～80cm 土层中，全氮、碱解氮和有机碳含量在 3 个取样位置的差异均不显著（$P>0.05$）。可见，灌木种植提高了典型草原表层土壤的全氮、碱解氮和有机碳含量，灌丛带内部的养分含量集聚效果显著，而对深层土壤全氮、碱解氮和有机碳含量的影响不明显。在 0～20cm 土层，灌丛带外部土壤全磷含量较灌丛带边缘显著提高了 15.4%（$P<0.05$），但与灌丛带内部的差异不显著；在 20～40cm、40～60cm 和 60～80cm 土层，土壤全磷含量在 3 个位置差异均不显著（$P>0.05$），说明灌丛带外部的草地更有利于 0～20cm 土层全磷的贮藏。

表 2-2 灌丛带不同土层 3 个取样位置土壤养分含量的变化

土壤养分	土层（cm）	灌丛带内部	灌丛带边缘	灌丛带外部
	0～20	1.75±0.17[a]	1.32±0.10[ab]	1.18±0.14[b]
全氮（g/kg）	20～40	1.42±0.18[a]	1.03±0.09[ab]	0.80±0.09[b]
	40～60	0.85±0.26[a]	0.79±0.15[a]	0.60±0.14[a]
	60～80	0.57±0.09[a]	0.47±0.11[a]	0.37±0.08[a]

（续）

土壤养分	土层（cm）	灌丛带内部	灌丛带边缘	灌丛带外部
碱解氮（mg/kg）	0～20	15.63±1.04[a]	13.06±1.68[ab]	9.33±0.83[b]
	20～40	12.60±1.38[a]	9.24±0.58[b]	9.71±1.70[b]
	40～60	11.01±2.83[a]	8.68±1.38[a]	7.09±2.01[a]
	60～80	7.84±1.94[a]	6.07±0.49[a]	5.69±0.67[a]
有机碳（g/kg）	0～20	19.17±0.60[a]	16.60±0.57[ab]	16.39±0.61[b]
	20～40	16.75±0.39[a]	14.60±0.67[ab]	13.56±0.98[b]
	40～60	10.73±2.98[a]	12.82±1.50[a]	7.43±1.39[a]
	60～80	9.70±0.31[a]	7.13±2.64[a]	5.76±1.78[a]
全磷（g/kg）	0～20	0.74±0.23[ab]	0.70±0.50[b]	0.85±0.36[a]
	20～40	0.79±0.30[a]	0.72±0.71[a]	0.76±0.71[a]
	40～60	0.68±0.41[a]	0.70±0.54[a]	0.66±0.97[a]
	60～80	0.74±0.14[a]	0.63±0.36[a]	0.67±1.01[a]

注：同行上标不同小写字母表示不同取样位置差异显著（$P<0.05$）。表 2-3 注释与此同。

（三） 灌丛带不同取样位置植物根系特征的变化

1. 根系生物量的分布特征 表 2-3 显示，在灌丛带内部、灌丛带边缘和灌丛带外部 3 个位置，植物根系生物量呈减小趋势，表明距离灌木越近，植物根系生物量越呈增大趋势。说明灌丛带内部植物有发达的根系，根系的活力和生理功能较强。从垂直分布来看，灌丛带内部、灌丛带边缘和灌丛带外部 0～15cm 土层的植物根系生物量分别占 0～40cm 土层植物根系生物量的 90.86%、90.79%、92.91%。说明植物根系生物量集中分布于 0～15cm 土层，占到总根系生物量的 90% 以上。在 0～15cm 土层，灌丛带内部的植物根系生物量显著高于灌丛带外部和灌丛带边缘（$P<0.05$），灌丛带外部和灌丛带边缘差异不显著；在

15～30cm 土层，灌丛带内部的植物根系生物量显著高于灌丛带外部（$P<0.05$），灌丛带外部与灌丛带边缘差异不显著；在 30～40cm 土层，灌丛带内部、灌丛带边缘和灌丛带外部的植物根系生物量显著均不显著。可见，种植灌木提高了地下生物量。

表 2-3　灌丛带不同土层 3 个取样位置植物根系生物量的变化

土层 (cm)	灌丛带内部		灌丛带边缘		灌丛带外部	
	生物量 (g/m²)	比例 (%)	生物量 (g/m²)	比例 (%)	生物量 (g/m²)	比例 (%)
0～15	23.47±1.78ᵃ	90.86	16.47±0.80ᵇ	90.79	15.33±0.67ᵇ	92.91
15～30	1.15±0.16ᵃ	4.45	0.93±0.03ᵃᵇ	5.13	0.57±0.12ᵇ	3.45
30～40	1.21±0.22ᵃ	4.69	0.74±0.22ᵃ	4.08	0.60±0.13ᵃ	3.64

2. 根系参数的分布特征　表 2-4 显示，取样位置对植物根长和根表面积的影响显著（$P<0.05$），但对植物根体积的影响不显著（$P>0.05$）。灌丛带内部植物的根长和表面积显著高于灌丛带外部，但与灌丛带边缘无显著差异。3 个取样位置中，灌丛带内部植物根长、根表面积和根体积均最大，分别比灌丛带外部增加了 53.2%、41.5% 和 37.6%。

表 2-4　灌丛带不同取样位置植物根系参数的分布特征

样地	根长（cm）	根表面积（cm²）	根体积（cm³）
灌丛带内部	993.41±49.46ᵃ	363.05±9.31ᵃ	15.67±0.95ᵃ
灌丛带边缘	817.28±124.55ᵃᵇ	340.51±31.38ᵃᵇ	12.25±0.50ᵃ
灌丛带外部	648.48±15.78ᵇ	256.56±19.85ᵇ	11.39±2.95ᵃ

注：同列上标不同小写字母表示处理差异显著水平（$P<0.05$）。

3. 灌木根长与土壤水分和养分的关系　鉴于分析植物根长与土壤含水量和养分相关性的数据太多，故只列出了二者之间有显著或极显著关系的数据。图 2-3 至图 2-6 表明，根长与 0～20cm 土层土壤含水量、有机碳，0～40cm 土壤全氮含量，0～80cm 土壤碱解氮含量均呈极显著正相关（$P<0.01$），且与 20～

40cm 土层的土壤有机碳含量呈显著正相关（$P<0.05$），但土壤全磷含量与根长之间无显著相关关系。可见，以柠条和野山桃为主的灌草立体配置中，0～20cm 土层土壤含水量、有机碳和碱解氮的含量随着植物根长的增加而增大。

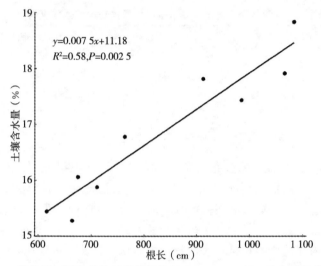

图 2-3　灌丛带不同取样位置植物根长与 0～20cm 土层土壤含水量的关系

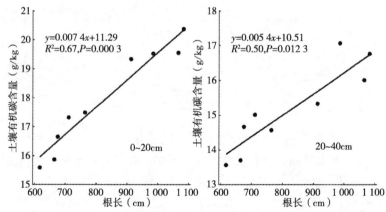

图 2-4　灌丛带不同取样位置植物根长与不同土层土壤有机碳含量关系

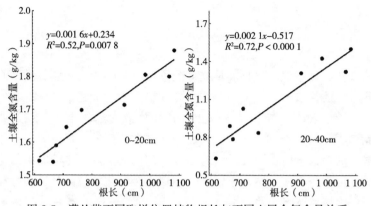

图 2-5 灌丛带不同取样位置植物根长与不同土层全氮含量关系

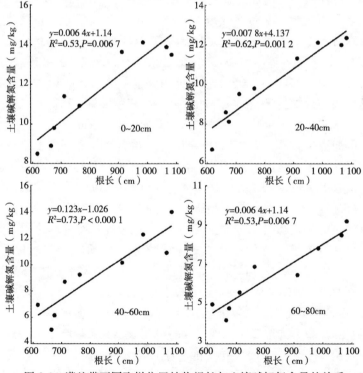

图 2-6 灌丛带不同取样位置植物根长与土壤碱解氮含量的关系

三、讨论

在退化草地上进行灌草立体配置不仅影响着土壤资源的空间分布，还将改变土壤中水分、养分和根系等的分配格局。笔者的研究结果表明，在 0～20cm 土层，灌丛带内部的土壤含水量明显高于灌丛带外部。这可能是由于在灌木阴影的庇护下表层土壤水分的损失减少，而灌丛带边缘和外部因为没有灌木的庇护，造成裸地面积较多，蒸发量较大，表层土壤粗化，故灌丛带边缘和外部土壤含水量下降（张义凡等，2017）。虽然灌木在减少地面蒸发的同时，会增加蒸腾量。但程积民等（2000）的研究表明，柠条和野山桃灌丛带会在地下 1～2.7m 产生土壤干层，根部吸收水分的主要来源在于深层土壤，同时蒸腾作用消耗的水分主要由植被根部运输，对 0～20cm 土层的影响较小。侯建秀等（2011）在干旱半干旱的古尔班通古特沙漠人工植被区发现，灌丛中央与边缘由于受到灌丛的遮挡，故其蒸发量远远低于灌丛外缘，一定程度上也减少了耗水量，提高了土壤含水量。此外，笔者的研究中，灌丛带内部 40～80cm 土层含水量显著高于灌丛带边缘，这可能是由于柠条和野山桃属于深根性植物，在深层土壤中能够贮藏较多水分的缘故，而使灌丛带内部更有利于生态系统水分的保存（彭海英等，2013）。因此，灌丛带内部是土壤含水量的"优势生态区域"，更有利于保水。另外，通过对比同研究区前期有关灌草立体配置模式下土壤水分的研究（程积民等，2000）发现，灌草立体配置 30 年土壤含水量比灌草立体配置 15 年有明显增加，0～40cm 土层的土壤含水量从 10.10％提高到 18.14％。可见灌草立体配置 30 年提高了土壤的蓄水持水能力。

灌丛带不同位置对土壤养分的空间分布有着重要影响。本研究表明，在 0～20cm 土层，随着距离灌丛越近，土壤的有机碳含量、全氮和碱解氮含量均呈增加趋势，存在显著的空间异质性。这是因为灌丛能够截取本身的枯落物、空气中的有机物质并通过降水和自身的循环进入土壤中，而有机质等既是土壤全氮和速效氮的营养库，也是有机碳的主要来源（熊小刚和韩兴国，2005；杨阳等，2014）。此外，柠条有较高的固氮能力，能提高养分吸收的有效性，这为灌丛带内部的全氮、有效氮和有机碳含量的保存提供了有利因素（钟芳等，2010）。可见，在人工灌草立体配置下，灌丛带内部更有利于提高土壤的保水能力及有机碳、全氮、碱解氮含量。在0~20cm土层，灌丛带外部土壤全磷含量明显高于灌丛带内部和边缘，这主要是因为：一方面，土壤磷含量一部分来源于降水，且在土壤中的移动性较低，所以灌丛带外部更有利于对降水的吸收与利用（梁月明等，2018）；另一方面，灌木生长过程中对磷的需要较多，从而导致灌木根际土壤磷含量较低（Jing等，2014）。

植物根系越发达，其根长、根表面积和根体积等参数越大，根系附着的生物量就越大，这是植物自身特性和外界环境协同作用的结果（马海天才等，2018）。笔者的研究结果表明，距离灌丛的位置不同，其根系生物量和根系的分布特征也存在差异。灌丛带外部、灌丛带边缘和灌丛带内部3个位置，根系生物量随着距离灌丛越近呈逐渐增大的趋势，同时灌丛带内部的根长和根表面积均显著高于灌丛带外部。可见，灌丛带内部的根系生长旺盛，根系的活力和生理功能较强。在笔者的研究中，植物根长与表层土壤碱解氮、有机碳、全氮含量及含水量均呈极显著的正相关，而根长是根系吸收土壤水分和养分功能的重要指标（王长庭等，2008）。因此，相对于其他2个取样位置，灌丛带内部的植物根系较发达，吸收和维持土壤中水分和养分的能力更强。

四、结论

在黄土高原半干旱区，以柠条和野山桃为主的灌草立体配置模式对土壤含水量、有机碳、全氮和碱解氮含量有显著影响。植物根系的生物量、长度、表面积和体积均随着距灌丛内部距离越近呈上升趋势。灌草立体配置模式可通过植物根系生长来维持较高的土壤水分和肥力。在黄土高原半干旱区实施灌草立体配置模式 30 年，灌丛带内部比灌丛带边缘和外部能保持更高的土壤水分和养分，有利于退化草地的恢复。

第三章

灌木短脚锦鸡儿扩张对草地植被与土壤的影响

暖温性典型草原是黄土高原面积最大的一类草地，占总草地面积的 65%，已经成为生态环境治理的重点区域（程杰等，2010）。禁牧是恢复退化草地简单、易行且见效快的方法之一，并且在黄土高原广泛实施。围栏封育后，在自我修复与管理过程中，草地的结构和生态功能也随之发生变化（范燕敏等，2018；杨静等，2018）。退化草地的恢复，不仅会改善生态环境，而且对资源的可持续发展起着重要的作用。在黄土高原典型草原地区，已开展了封育对退化草地群落物种组成、群落结构和生态功能影响等方面的研究。在封育 30 多年的草地中发现，灌木短脚锦鸡儿（*Caragana brachypoda*）的生物量、盖度和密度显著增加，形成明显的灌丛斑块和间隙处的草本斑块分布格局。井光花（2017）研究指出，长期封育草地群落正向灌丛化发展，不利于优化典型草原群落结构和生态系统功能。以往研究表明，过度放牧是引发草原灌丛化的主要原因之一（Caracciolo 等，2016），灌木扩张会导致草地生态系统结构和功能发生改变（Eldridge 等，2011；da Silva 等，2016；闫宝龙等，2019），影响生态水文过程（Brunsell 等，2014），降低牧草产量和生物多样性（Gray 和 Bond，2013），甚至会导致干旱地区土地荒漠化（D'odorico 等，2012）。但全球性集成研究表明，灌丛扩张对草地生态系统具有中性甚至积极作用，如提高生态系统物种多样性和稳定性，增加土壤水分的下渗，提高土壤肥力、微生物生物量和物种丰富度，以及促进氮矿化等（Howard 等，2012；Li 等，2017；Matthias 等，2017）。研究结果也表明，过度放牧并不能导致草原灌丛化，但过度放牧后实施封育却改变了灌木与草本的种间作用，反而有可能导致灌木的扩张（Zhang 等，2014；高琼和刘婷，2015）。因此，揭示长期封育后灌丛化发生的原因与机制，将有助于理解灌木在天然草原中的作用和地位，对半干旱区草地生态系统的水土保持和生态恢复具有重要科学意义。

为了更好地理解短脚锦鸡儿扩张过程对黄土高原典型草原植被和土壤理化性质的影响，笔者对同一封育样地在不同年份（2005 年和 2018 年）开展了群落结构、物种多样性和土壤养分的调查研究。2005 年调查时，草地已经封育 23 年，本氏针茅（*Stipa bungeana*）为草地群落优势种；2018 年调查时，本氏针茅群落已演替到以短脚锦鸡儿为优势的灌木群落。在云雾山典型草原，笔者研究了封育草地从草本优势向灌木优势演替过程中群落结构、物种多样性和土壤养分的动态变化，提出了短脚锦鸡儿扩张是否会导致草地生态系统退化的问题，希望为典型草原退化草地恢复与管理提供理论依据。

一、材料与方法

（一）　试验方法

于 2005 年 7 月在封育 23 年草地上进行野外调查取样，于 2018 年 7 月在同一草地上开展调查取样，此时该研究样地已经封育 36 年。在样地内随机选择 5 个小区，每个小区间距至少 100m，在每个小区随机设置 5 个 50cm×50cm 的样方进行地上植被调查，样方间隔至少 5m。在每个样方中详细记录植被总盖度、枯落物厚度、物种、植物个数和盖度，然后根据不同的种，用剪刀齐地面剪掉地上绿色部分，之后放入 75℃烘箱内烘至恒重，用天平称取重量。

土壤样品采集与植被调查同时进行。在每个样方内，用直径 4cm 土钻分 0～20cm、20～40cm、40～60cm 和 60～80cm 4 层取样，沿对角线打 3 钻，按层混合后带回实验室风干、去杂、过筛，然后分别采用重铬酸钾容量法-外加热法、碱溶-钼锑抗比色法和半微量凯氏定氮法碱解扩散法测定土壤有机碳、全磷和全氮含量。

（二） 指标计算

1. 物种重要值 计算公式如下：

$$物种重要值＝（相对多度＋相对盖度＋相对高度＋相对生物量）/4$$

2. 物种多样性 计算公式如下：

（1）Patrick 物种丰富度指数（R） $R＝S$，S 代表样地中全部物种数。

（2）Simpson 指数（D） 计算公式如下：

$$D = 1 - \sum_{i=1}^{s} P_i^2$$

（3）Shannon-Wiener 指数（H） 计算公式如下：

$$H = -\sum_{i=1}^{s} (P_i \ln P_i)$$

（4）Pielou 均匀度指数（E） 计算公式如下：

$$E = \frac{H}{\ln(S)}$$

以上式中，S 代表样地中全部物种数，P_i 代表样地中物种 i 的相对重要值。

（三） 数据分析

用独立样本 T 检验分析了封育 23 年和 36 年草地的枯落物厚度、密度、总地上生物量、草本植物的地上生物量和盖度，土壤全氮、全磷和有机碳含量的差异。$P<0.05$ 表示差异显著，以上分析用 SPSS16.0 软件完成。

二、结果与分析

（一） 灌木短脚锦鸡儿扩张对本氏针茅群落物种组成的影响

封育 23 年草地和封育 36 年草地分别出现 35 种和 28 种植

物。在封育 23 年草地中，本氏针茅的重要值最大（0.195 8），为优势种，其次为甘青针茅和披碱草（*Elymus dahuricus*）；而当封育年限到 36 年时重要值最大的物种为短脚锦鸡儿，优势种发生了改变，其次是铁杆蒿（*Artemisia gmelinii*）、茭蒿（*Artemisia giraldii*）和本氏针茅。可见，随着封育年限的延长，本氏针茅群落逐渐演替到短脚锦鸡儿群落。另外，短脚锦鸡儿的扩张明显降低了群落中本氏针茅的重要值，而提高了铁杆蒿和茭蒿的重要值。在短脚锦鸡儿群落中，甘青针茅、硬质早熟禾（*Poa sphondylodes*）、披碱草、赖草（*Leymus secalinus*）、茅香（*Anthoxanthum nitens*）等多年生禾草，猪毛蒿（*Artemisia scoparia*）、迷果芹（*Sphallerocarpus gracilis*）、直立点地梅（*Androsace erecta*）、飞廉（*Carduus acanthoides*）和紫花地丁（*Viola philippica*）等一两年生草本均未出现，说明短脚锦鸡儿的扩张严重抑制了这些植物的生长发育（表 3-1）。

表 3-1 不同封育年限草地物种重要值变化

功能群	物种	重要值	
		封育 23 年	封育 36 年
多年生禾草	本氏针茅 *Stipa bungeana*	0.195 8	0.129 8
	大针茅 *Stipa grandis*	0.066 1	0.010 0
	散穗早熟禾 *Poa subfastigiata*	0.068 4	0.014 5
	甘青针茅 *Stipa przewalskyi*	0.157 5	—
	硬质早熟禾 *Poa sphondylodes*	0.051 2	
	披碱草 *Elymus dahuricus*	0.114 9	
	赖草 *Leymus secalinus*	0.079 6	—
	茅香 *Anthoxanthum nitens*	0.065 7	—
	香茅 *Moslachinensis maxim*	0.046 9	0.027 3
	扁穗冰草 *Agropyron cristatum*	0.075 9	0.034 7

（续）

功能群	物种	重要值	
		封育 23 年	封育 36 年
多年生杂类草	茭蒿 *Artemisia giraldii*	—	0.167 2
	多茎委陵菜 *Potentilla multicaulis*	0.038 2	—
	二裂委陵菜 *Potentilla bifurca*	0.067 9	0.053 7
	星毛委陵菜 *Potentilla acaulis* L.	—	0.004 5
	火绒草 *Leontopodium leontopodioides*	0.044 9	0.020 1
	阿尔泰狗娃花 *Heteropappus altaicus*	0.095 1	0.042 7
	多毛并头黄芩 *Scutellaria scordifolia*	0.029 1	0.018 0
	花苜蓿 *Trigonella ruthenica*	0.038 9	0.004 8
	裂叶堇菜 *Viola dissecta*	0.034 1	0.015 0
	川甘毛鳞菊 *Chaetoseris roborowskii*	—	0.019 1
	风毛菊 *Saussurea japonica*	0.045 9	0.007 9
	苔草 *Carex tristachya*	0.058 4	0.013 4
	狼毒 *Stellera chamaejasme*	0.034 1	—
	西藏点地梅 *Androsace mariae*	—	0.007 4
	甘菊 *Chrysanthemum lavandulifolium*	0.076 3	0.002 4
	甘露子 *Stachys affinis*		0.038 0
	牻牛儿苗 *Erodium stephanianum* Willd	—	0.009 5
	长柱沙参 *Adenophora stenanthina*	0.033 8	0.018 3
	田葛缕子 *Carum buriaticum*	0.055 3	—
	北方还阳参 *Crepis crocea*	0.055 5	—
	细叶沙参 *Adenophora capillaric*	0.040 1	—
	蓬子菜 *Galium verum*	0.089 0	0.025 9
	百里香 *Thymus mongolicus*	0.011 3	0.004 8
	白花栀子花 *Dracocephalum heterophyllum*	—	0.015 2
	蚓果芥 *Torularia humilis*		0.016 9
	铁杆蒿 *Artemisia gmelinii*	—	0.215 3

（续）

功能群	物种	重要值	
		封育 23 年	封育 36 年
一年生杂类草本	猪毛蒿 Artemisia scoparia	0.037 0	—
	迷果芹 Sphallerocarpus gracilis	0.041 7	—
	猪毛菜 Salsolacollin	0.030 5	0.044 0
	直立点地梅 Androsace erecta	0.030 3	—
	飞廉 Carduus acanthoides	0.023 9	—
	紫花地丁 Viola philippica	0.015 6	—
灌木、半灌木	短脚锦鸡儿 Caragana brachypoda	0.041 3	0.305 7
	密毛白莲蒿 Artemisia sacrorum Ledeb. var. messerschmidtiana	0.038 3	—
	白莲蒿 Artemisia sacrorum	0.101 2	—

注："—"代表物种不存在。

（二）　短脚锦鸡儿扩张对本氏针茅群落结构的影响

短脚锦鸡儿扩张对群落盖度、地上总生物量和草本植物生物量的影响显著（$P < 0.05$），而对枯落物厚度和植物密度的影响不显著（$P > 0.05$）。如表 3-2 所示，随着短脚锦鸡儿的扩张，短脚锦鸡儿群落的总生物量提高了 64.4%，草本植物的生物量和盖度分别降低了 33.3% 和 26.3%。

表 3-2　不同封育年限地上植被特征变化

样地	枯落物厚度 (cm)	密度 (个/m²)	草本植物盖度 (%)	总生物量 (g/m²)	草本植物生物量 (g/m²)
封育 23 年	4.75±0.25ᵃ	52.13±4.34ᵃ	94.13±2.06ᵃ	97.85±4.98ᵇ	97.85±4.98ᵃ
封育 36 年	4.75±0.94ᵃ	72.13±19.59ᵃ	69.38±3.83ᵇ	177.02±20.30ᵃ	48.89±8.63ᵇ

注：同列上标不同小写字母表示处理间差异显著（$P < 0.05$）。表 3-3 注释与此同。

（三） 短脚锦鸡儿扩张对本氏针茅群落物种多样性的影响

T 检验结果表明，短脚锦鸡儿扩张对草地群落的物种丰富度、Shannon-Wiener 多样性指数、Simpson 多样性指数和 Pielou 均匀度指数均影响显著（$P<0.05$）。如表 3-3 所示，短脚锦鸡儿群落的物种丰富度、Shannon-Wiener 多样性指数和 Simpson 指数均显著低于本氏针茅群落，短脚锦鸡儿群落的均匀度指数显著高于本氏针茅群落。说明短脚锦鸡儿在群落中分布均匀，对草地群落的影响比较一致。可见，退化草地从草本优势到灌木优势演变过程中，草地的物种多样性降低。短脚锦鸡儿灌丛群落为具低物种丰富度而高均匀度的群落。

表 3-3　不同封育年限草地物种多样性的变化

样地	物种丰富度	多样性指数		
		Shannon-Wiener 指数	Simpson 指数	Pielou 指数
封育 23 年	15.25±0.41[a]	2.43±0.03[a]	0.89±0.01[a]	0.11±0.01[b]
封育 36 年	12.12±0.99[b]	1.81±0.11[b]	0.79±0.04[b]	0.24±0.04[a]

（四） 短脚锦鸡儿扩张对本氏针茅群落土壤养分的影响

短脚锦鸡儿群落和本氏针茅群落的全磷、全氮和有机碳含量均随土层的增加呈下降趋势（表 3-4）。随着短脚锦鸡儿的扩张，灌木群落的有机碳高于草本优势群落，且在 20～40cm 和 40～60cm 土层中两者的差异显著（$P<0.05$），分别提高了 56％和58％；灌木群落的全磷含量在各土层中均显著高于草本群落（$P>0.05$），分别提高了 79％、78％、73％和 76％；草本群落 0～80cm 土层的全氮含量均高于灌木群落，但差异不显著。可见随着封育年限的延长，短脚锦鸡儿扩张提高了草地群落土壤有机碳和全磷含量。

表 3-4　不同封育年限草地的土壤养分含量

土壤养分	土层（cm）	封育 23 年	封育 36 年
全氮 g/kg	0～20	2.810±0.186[a]	2.394±0.104[a]
	20～40	2.216±0.192[a]	2.077±0.101[a]
	40～60	2.027±0.312[a]	1.742±0.061[a]
	60～80	1.635±0.197[a]	1.371±0.074[a]
有机碳 g/kg	0～20	20.420±1.323[a]	23.050±1.216[a]
	20～40	16.212±1.022[b]	21.391±1.370[a]
	40～60	13.716±0.580[b]	19.583±1.553[a]
	60～80	13.098±0.470[a]	15.414±1.328[a]
全磷 g/kg	0～20	0.208±0.016[b]	0.805±0.056[a]
	20～40	0.231±0.042[b]	0.838±0.052[a]
	40～60	0.200±0.017[b]	0.848±0.049[a]
	60～80	0.223±0.030[b]	0.716±0.031[a]

注：同行上标不同小写字母表示处理间差异显著（$P < 0.05$）。

三、讨论

　　本研究表明，封育 23 年的草地又经过 13 年的禁牧后，由以本氏针茅为优势的草本群落演替为以短脚锦鸡儿为优势的灌木群落，灌木扩张明显降低了群落中本氏针茅的重要值，而提高了短脚锦鸡儿、铁杆蒿和茭蒿的重要值。短脚锦鸡儿群落的生境更有利于喜阴植物铁杆蒿和茭蒿的生长发育，而一些喜阳多年生禾草和一两年生草本植物的生长受到抑制。灌木林分郁闭度相对较大，不充足的林下光照为中生性植物和喜荫湿的铁杆蒿、茭蒿等草本植物提供了有利条件，但如糙隐子草和赖草等喜光、耐旱的草本植物消亡。因此，在短脚锦鸡儿扩张的过程中，喜荫湿的植物不断出现并占据主导地位，而喜光植物不断减少其至消亡。班嘉蔚等（2008）研究发现，草本优势向灌木优势演替的过程中，物种以阳性草本植物逐渐转变为以阴性及中生性的植物为主。一两年生草本植物逐渐减少，一些具有更强抵抗环境和维持群落稳定能力的多年生杂类草增多，说明灌木优势群落相对趋于稳定。在内蒙古典型草原，随着小叶锦鸡儿的不断入侵，多年生草本有所增加，而一年生草本减少（Chen 等，2015），与本研究结论一致。根据 D'Odorico（2012）提出的草地灌丛化发展阶段模型，该草地已达到以灌木为优势群落的状态，正处于灌木定居阶段，具有强大竞争能力，一定程度上降低了其他物种的生存机会。

灌木扩张对草地群落结构和生态功能都会产生一定的影响。笔者的研究表明，短脚锦鸡儿的扩张显著提高了草地的地上总生物量，但降低了草本植物的地上生物量。Zavaleta 和 Kettley（2006）以加利福尼亚草原为研究对象发现，灌丛化过程中生态系统的地上生物量呈增加趋势。草地灌丛化过程中地上生物量有所提高，一方面是由于灌木在一定程度上限制了家畜和野生动物的采食，减少了损失；另一方面是由于灌丛化提高了土壤中的有效养分，促进了灌木的生长和发育，使生物量增多。但是灌木与草本植物一直处于激烈竞争状态，灌木个体在空间上有很强的优势，严重限制了草本植物的生长发育，降低了草本植物的地上生物量。灌木扩张是降低还是提高草地生态系统的物种多样性目前还未有统一定论（Ratajczak 等，2012；彭海英等，2013）。笔者的研究表明，灌木短脚锦鸡儿的扩张降低了群落的物种多样性。与本氏针茅群落相比较，灌木优势群落的郁闭度相对较大，促使草本植物种间竞争加剧，喜光性植物减少，甚至消亡，物种多样性降低。这与郑伟等（2014）和靳虎甲等（2013）的研究结果类似，随着灌丛进程化的不断推进，物种多样性随之降低。可见，灌丛化演变过程中，草本植物与木本植物的相互作用强烈，仅仅可以维持相对较低的物种多样性。

短脚锦鸡儿的扩张增加了土壤有机碳和全磷含量，可能是由

"沃岛效应"所引起（Schlesinger 等，1990）。灌木短脚锦鸡儿可以通过自身庞大的生物量来截获空气中尘埃的有机物质，并通过降水和自身的循环进入土壤中，从而提高了土壤的有机碳和全磷含量（熊小刚和韩兴国，2005；李从娟等，2009）。在内蒙古草原不同发展阶段的灌丛化草地，狭叶锦鸡儿（*Caragana stenophylla*）灌丛内的土壤养分均高于灌丛外，而且随着狭叶锦鸡儿的不断扩张，这种趋势越来越明显（关林婧等，2016）。目前该区草地正处于灌木定居阶段，短脚锦鸡儿提高了土壤的养分含量，具有很强的养分集聚能力，并未造成生态系统的退化。灌木定居早期阶段是可逆的，可适当对其进行抚育砍伐，使灌木优势群落更新平稳，到达稳定状态，有利于生态系统的良好发展（D'odorico 等，2012）。

四、结论

短脚锦鸡儿是入侵典型草原长期封育草地的主要灌木，目前该区草地正处于灌木定居阶段。随着短脚锦鸡儿的入侵，草地群落的物种多样性降低，草本植物的生物量和盖度降低，但灌木优势群落可提高 20～60cm 土层的有机碳含量和 0～80cm 土层的全磷含量。可见，短脚锦鸡儿扩张降低了物种多样性，但提高了土壤养分，对该区草地的合理利用和管理提供了重要的理论依据。

第四章

灌木丁香扩张对草地植被与土壤的影响

在草地灌丛入侵与扩张中，地表植被逐渐由草本向灌木发生转变，草本植物盖度减少，裸地增加，土壤水分和养分的时空异质化增强，整个过程对原有群落生态系统的结构和功能产生了重要影响。大量研究都集中在草地灌丛化对生态系统过程的负面影响，灌木的扩张破坏了草地植被的相对均一性，降低了草地物种多样性、盖度和初级生产力，减少了土壤水分和养分库，改变了元素分布，引发了地表径流、土壤侵蚀和荒漠化（Ratajczak 等，2012；da Silva 等，2016）。但最近研究表明，灌丛化对生态系统具有中性甚至积极作用，如提高生态系统物种多样性和稳定性，增加土壤水分的下渗，提高土壤肥力、微生物生物量和物种丰富度，加强草地生产力和碳固定，以及促进氮矿化等（Howard 等，2012；Li 等，2017；Matthias 等，2017）。灌木斑块对生态系统结构和功能的积极作用会随着灌木密度的增加而改变。可见，草地灌丛化是否会导致生态系统结构和功能退化已成为研究热点。

灌丛化在我国草地生态系统中也广泛发生（陈蕾伊等，2014）。其中，内蒙古自治区小叶锦鸡儿灌丛化草地有近 $5.1 \times 10^6\,hm^2$，并开展了许多相关研究。在黄土高原典型草原，研究表明随封禁时间的延长，在草地群落生长的沟道还出现大量的中生灌木，草地群落以片状分布在坡下部的阴坡或半阴坡，逐渐向草原腹地呈零星状入侵和扩张，使草地群落的演替进入了一个重要的阶段。井光花（2017）也研究指出，在黄土高原典型草原，长期封育草地群落正向灌丛化发展。而在黄土高原典型草原，有关灌木扩张对草地植被和土壤的影响较少报道。因此，本试验开展灌木扩张对草地小尺度植被格局的影响研究，希望有助于理解灌木在天然草地中的作用和地位，为黄土高原干旱区灌丛的控制与管理提供科学依据。

一、材料与方法

（一）　地上植被调查

笔者于 2018 年 8 月开展群落调查，此时的植被正处于生长发育的高峰期。参考 Ayana 和 Robert（2000）、Wijngaarden（1985）和邢媛媛等（2017）的材料，根据灌木盖度将群落划分为 3 个演替阶段：草地群落（灌木盖度＜40%）、灌草群落（80%＞灌木盖度＞40%）和灌木群落（灌木盖度＞80%）。在草地群落设置 8 个 1m×1m 的样方，在灌草群落设置 8 个 4m×4m 的样方，在灌木群落设置 8 个 4m×4m 的样方，每个样方间的间隔至少为 3m，详细记录每个样方中植物的组成、总盖度、每个物种的株（丛）数、高度和盖度。

1. 高度　在各样方内，每种植物随机选择 3 株，测量其自然高度，计算其平均值。

2. 盖度　在各样方内目测每种植物的盖度，其计算公式如下：

$$灌木盖度＝东西冠幅×南北冠幅×100/样方面积$$

3. 密度　首先对样方中的植物进行分类，然后记录同种植物在各样方中出现的个体数，其计算公式如下：

$$灌木密度＝植物的总株数/样方面积$$

4. 地上生物量　完成上述调查后，用剪刀将植物地上绿色部分齐地面全部剪掉，分类放入纸袋，再放入 75℃恒温烘箱内烘至恒重后，待测指标。

（二）　土壤理化性质测定

土壤样品采集与植被调查同时进行。在每个样方内，用直径 9cm 土钻分 0～20cm、20～40cm、40～60cm 和 60～80cm

共 4 层取样，沿对角线打 3 钻，然后按层混合后分成两份。一份测其土壤含水量；另一份带回实验室，风干、去杂，过筛后供试验分析。

1. 土壤相对含水量的测定 采用烘干称重法，即：

土壤含水量＝（烘干前铝盒及土样质量－铝盒）－

（烘干后铝盒及土样质量－铝盒）/

（烘干后铝盒及土样质量－铝盒）×100%

2. 土壤有机碳的测定 采用重铬酸钾容量-外加热法。

3. 土壤全磷的测定 采用碱溶-钼锑抗比色法。

4. 土壤全氮的测定 采用半微量凯氏定氮法。

5. 土壤碱解氮的测定 采用碱解扩散法。

（三） 群落多样性测定方法

1. 物种丰富度指数（R） $R＝S$，S 代表样地中全部物种数。

2. 物种多样性（species diversity） 用 Simpson 指数、Shannon-Wiener 指数和 Pielou 均匀度指数来描述，计算公式参照第三章。

（四） 植物群落稳定性测定方法

根据 Godron（1972）稳定性测定方法，结合郑元润（2000）对 Godron（2000）稳定性测定改进的数学方法，计算出灌木扩张下的草地群落与灌草群落稳定性。笔者的研究采用欧式距离来测定群落的稳定性（李海涛等，2016）。

平滑曲线模型为：

$$y＝a x^2＋bx＋c \qquad 式（1）$$

直线方程为：

$$y＝100－x \qquad 式（2）$$

将式（2）代入方程式（1）得：

$$a\,x^2 + (b+1)\,x + c - 100 = 0$$

解方程得：

$$x = \frac{-(a+1) \pm \sqrt{(b+1)^2 - 4a(c-100)}}{2a} \qquad 式（3）$$

求出两个交点坐标后根据研究方法，只保留 x 值小于 100 的交点坐标，即为所求的稳定性参考点（x，y），继而计算（x，y）与（20，80）的欧氏距离来刻画群落稳定性，点坐标越接近稳定点（20，80），群落越稳定，反之越不稳定。

（五）　数据统计分析

使用 Excel 2010 对数据预处理，SPSS16.0 软件进行单因素方差分析，显著水平为 $P<0.05$，差异显著时用 LSD 法进行多重比较。用 SPSS16.0 软件进行 Pearson 相关性分析，显著水平为 $P<0.05$，极显著水平为 $P<0.01$。

二、结果与分析

（一）　灌木扩张对不同群落植被特征的影响

在灌木扩张过程中，入侵灌木种类主要是丁香和土庄绣线菊，这些灌木的冠幅、密度、高度和地上生物量在灌草群落均显著低于灌丛群落（$P<0.05$）。灌木在扩张过程中，冠幅、密度、高度和地上生物量分别降低了 48.8%、68.2%、41.1% 和 65.7%（表 4-1）。

表 4-1　不同群落类型灌木植物特征

样地	冠幅（%）	密度（株/m²）	高度（cm）	地上生物量（g/m²）	主要灌木
草地	—	—	—	—	
灌草	366.7± 104.7ᵇ	7.2± 0.4ᵇ	61.6± 8.4ᵇ	131.1± 37.4ᵇ	丁香 *Syzygium aramaticum*、土庄绣线菊 *Spiraea pubescens* Turcz

（续）

样地	冠幅 (%)	密度 (株/m²)	高度 (cm)	地上生物量 (g/m²)	主要灌木
灌丛	716.7± 85.6ᵃ	22.7± 8.2ᵃ	104.6± 11.7ᵃ	381.9± 48.7ᵃ	丁香 *Syzygium aramaticum*、土庄绣线菊 *Spiraea pubescens* Turcz、平枝水栒子 *Cotoneaster horizontalis* Decne

注：同列上标不同小写字母表示处理间差异显著（$P<0.05$）。表 4-2、表 4-3 和表 4-6 注释与此同。

在不同群落中，草本层植物的优势种均有铁杆蒿和苔草。灌丛化过程并未明显改变草地植物的优势种，大针茅、铁杆蒿和苔草均为草地群落和灌草群落的优势种。草地灌丛化过程中，草本植物的高度未显著变化（$P>0.05$），但盖度降低了 28.8%，地上生物量降低了 42.1%，密度增加了 85.9%（表 4-2）。

表 4-2　不同群落类型草本植被特征

样地	盖度（%）	密度 (株/m²)	高度 (cm)	地上生物量 (g/m²)	优势种牧草
草地	90.2± 8.0ᵃ	353.6± 50.1ᵇ	69.7± 5.9ᵃ	626.3± 37.2ᵃ	铁杆蒿 *Artemisia gmelinii*、大针茅 *Stipa grandis*、苔草 *Carex tristachya*
灌草	64.2± 6.4ᵃ	657.3± 139.2ᵃ	60.6± 6.1ᵃ	362.8± 41.3ᵇ	铁杆蒿 *Artemisia gmelinii*、百里香 *Thymus mongolicus*、大针茅 *Stipa grandis*、苔草 *Carex tristachya*
灌丛	35.6± 8.1ᵇ	168.9± 90.2ᶜ	27.6± 8.3ᵇ	205.4± 53.2ᶜ	苔草 *Carex tristachya*、铁杆蒿 *Artemisia gmelinii*、翼茎风毛菊 *Saussurea alata*

（二）　灌木扩张对不同群落草地物种多样性的影响

单因素方差分析结果表明，不同群落的物种丰富度、Shannon-Wiener 多样性指数、Simpson 指数和 Pielou 均匀度指数均差异显著（$P<0.05$）。从表 4-3 可以看出，草本植物的物种丰富度、Shannon-Wiener 多样性指数和 Simpson 指数在灌丛群落最低，灌丛群落显著低于灌草群落（$P<0.05$），均匀度指数显著高于草地和灌草群落（$P<0.05$）。灌草群落的物种丰富度、Shannon-Wiener 多样性指数、Simpson 指数和 Pielou 指数均比草地群落有所增加，但是差异不显著（$P>0.05$）。说明灌草群落的灌木入侵还处于轻度或中度阶段，未显著影响草地的物种多样性（表 4-3）。

表 4-3　不同群落物种多样性的变化

样地	物种丰富度	多样性指数		
		Shannon-Wiener 指数	Simpson 指数	Pielou 指数
草地	9.1 ± 0.8^{ab}	1.333 ± 0.138^{ab}	0.590 ± 0.056^{ab}	0.598 ± 0.044^{b}
灌草	12.2 ± 1.3^{a}	1.666 ± 0.108^{a}	0.754 ± 0.024^{a}	0.648 ± 0.051^{ab}
灌丛	8.2 ± 1.2^{b}	1.041 ± 0.174^{b}	0.578 ± 0.043^{b}	0.844 ± 0.079^{a}

（三）　灌木扩张对黄土草原植物群落稳定性的影响

植物群落稳定性不仅可以反映植物的种间竞争能力，还能反映植物抵抗环境的能力。对灌木扩张下草地与灌草群落的物种累计百分数和累积相对频度百分数进行曲线拟合（图 4-1），拟合曲线的 $R^2>0.9$，拟合效果较好（表 4-4）。草地与灌草群落交点坐标与稳定点（20，80）的欧氏距离分别为 0.92 和 9.76，灌木扩张研究区群落稳定性的判定结果为灌草群落的稳定性距离明显大于草地群落，即灌草群落会导致群落稳定性降低，且草地群落最接近于稳定点，群落相对较为稳定。

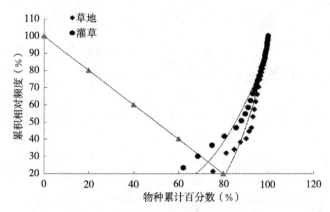

图 4-1　灌木扩张下的稳定性拟合曲线

表 4-4　灌木扩张下草地群落与灌草群落的稳定性分析

样地	拟合方程	决定系数 R^2	交点坐标	欧氏距离
草地	$y=0.040\,8x^2-4.497\,1x+137.3$	0.998	(19.34, 80.65)	0.92
灌草	$y=-0.005\,7x^2+1.255\,2x+31.861$	0.982	(26.90, 73.09)	9.76

　　根据 Pearson 相关分析表明灌木扩张下，草地群落与灌草群落的植物群落稳定性与多样性指数不相关（表 4-5）。

表 4-5　植物群落稳定性与多样性的 Pearson 相关性分析

项目	物种丰富度	多样性指数		
		Shannon-Wiener 指数	Simpson 指数	Pielou 指数
群落稳定性	0.291	0.11	0.139	0.342

（四）　灌木扩张对不同群落土壤水分和养分的影响

1. 灌木扩张对不同群落土壤水分的影响　在草地、灌草和灌丛三个群落中，灌草群落 0～20cm 土层的含水量显著高于灌丛群落（$P<0.05$），在 20～40cm 土层的含水量显著高于草地和灌丛群落（$P<0.05$），在 40～60cm 和 60～80cm 土层的含水

量在这三个群落中差异不显著（$P>0.05$）。可见灌木扩张可提高草地群落 20～40cm 土层的含水量，而表层和深层的含水量未显著改变（图 4-2）。

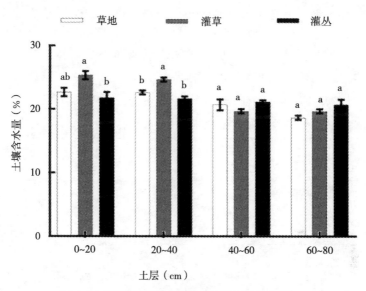

图 4-2　不同群落类型不同土层的土壤含水量
注：不同小写字母表示处理间差异显著（$P<0.05$）。

2. 灌木扩张对不同群落土壤养分影响　在土壤剖面垂直方向上，全磷、全氮、碱解氮和有机碳含量均随土层的增加呈下降趋势。在不同群落同一土层中，草地群落的全磷含量均最高，且在 0～60cm 土层中的含量均显著高于灌丛群落（$P<0.05$），但在 60～80cm 土层中与灌丛群落差异不显著（$P>0.05$）。灌草群落和草地群落同一土层的全磷含量均差异不显著（$P>0.05$），说明灌木入侵对草地群落土壤全磷含量影响不显著。0～20cm 和 20～40cm 土层的全氮含量在灌草群落均显著高于草地群落（$P<0.05$），但 40～60cm 和 60～80cm 土层的全氮含量在二者之间差异不显著（$P>0.05$），说明灌木扩张提高了典型草原 0～

40cm 土层的全氮含量，而对深层土壤中全氮含量的影响不明显。0～20cm 和 60～80cm 土层中的碱解氮含量在三个群落中差异不显著（$P > 0.05$），但灌草群落中 20～40cm 和 40～60cm 土层中的碱解氮含量显著高于草地群落（$P < 0.05$），说明灌木扩张提高了 20～60cm 土壤中的碱解氮含量。有机碳含量在灌草群落中的 0～20cm 土层中显著高于草地和灌丛群落同层（$P < 0.05$），在 40～60cm 土层中的含量显著高于灌丛群落（$P < 0.05$），未明显高于草地群落（$P > 0.05$）（表 4-6）。

表 4-6　不同群落土壤养分含量

土层 (cm)	样地	全磷 (g/kg)	全氮 (g/kg)	碱解氮 (mg/kg)	有机碳 (g/kg)
0～20	草地	0.953±0.070[a]	2.605±0.033[b]	17.73±0.89[a]	24.68±1.50[b]
	灌草	0.905±0.076[a]	2.890±0.176[a]	18.95±1.19[a]	30.02±1.25[a]
	灌丛	0.762±0.034[b]	2.414±0.014[ab]	20.44±0.84[a]	22.93±2.35[b]
20～40	草地	0.851±0.031[a]	2.074±0.080[b]	14.37±0.56[b]	21.809±2.395[a]
	灌草	0.742±0.010[ab]	2.541±0.082[a]	16.52±0.58[a]	22.528±0.290[a]
	灌丛	0.703±0.033[b]	2.110±0.107[b]	15.21±1.10[ab]	21.387±1.878[a]
40～60	草地	0.805±0.051[a]	1.703±0.077[a]	11.10±0.76[b]	17.082±1.119[ab]
	灌草	0.752±0.001[a]	1.721±0.122[a]	14.09±1.02[a]	21.141±1.035[a]
	灌丛	0.652±0.049[b]	1.693±0.153[a]	12.10±0.63[ab]	15.803±1.381[b]
60～80	草地	0.746±0.068[a]	1.042±0.050[a]	7.88±1.25[a]	15.468±1.455[a]
	灌草	0.729±0.054[a]	1.143±0.155[a]	8.86±0.24[a]	13.875±0.796[a]
	灌丛	0.702±0.019[a]	1.239±0.093[a]	10.36±0.00[a]	11.011±1.520[a]

（五）　草本生物量、群落物种多样性与土壤水分和养分的关系

1. 草本地上生物量与土壤水分和养分的关系　回归分析的结果表明，草本地上生物量（草）均与 0～20cm 土层的含水量、

0～20cm 土层全氮含量的相关性均达到极显著正相关关系（$P<$ 0.01），且与 20～40cm 土层的含水量和 0～20cm 土层有机碳含量均达到显著水平（$P<0.05$），呈正相关。说明表层水分、全氮和有机碳含量很大程度上决定地上草本植物的生长情况（图 4-3）。

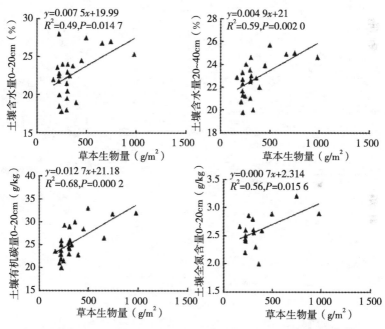

图 4-3 地上生物量（草）与土壤水分、养分的拟合曲线

2. 物种多样性与土壤水分和养分的关系 对物种多样性与土壤水分和养分相关性的分析表明，物种多样性指数与 20～40cm 全氮和 20～60cm 有机碳含量均呈极显著正相关关系（$P<0.01$），但土壤水分、全磷和碱解氮含量对物种多样性指数的影响不显著（$P>0.05$）（图 4-4）。

对物种均匀度与土壤水分和养分的相关性分析表明，物种的均匀度指数与土壤 0～60cm 土层的全磷和 0～20cm 土层的全氮

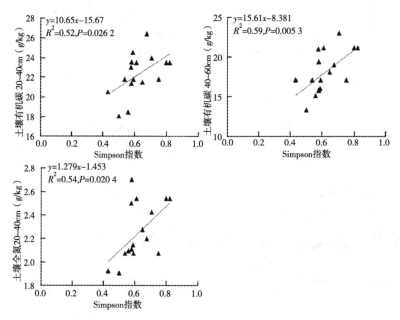

图4-4 物种多样性与土壤水分、养分的拟合曲线

含量均呈显著负相关关系（$P<0.01$），且与 40～60cm 土层的土壤含水量呈显著正相关（$P<0.05$），但与土壤有机碳和碱解氮的影响不显著（$P>0.05$）（图4-5）。

三、讨论

笔者的研究表明，随着灌丛化的不断发展，草地中灌木的密度、盖度和生物量会显著增加，而草本植物则显著降低。可见草地灌丛化过程中，草本植物和木本植物一直处于激烈竞争中。根据 D' Odorico（2012）提出的草地灌丛化发展阶段模型，该草地正处于灌木入侵定居阶段。在此阶段，随着灌木丁香和土庄绣线菊的入侵扩张，草地过渡到草灌混合状态。但是此阶段草本植物对土壤和水分的利用还明显优于灌木，竞争优势并未发生明显

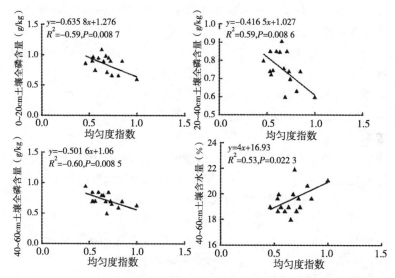

图 4-5　地上生物量（草）与土壤水分、养分的拟合曲线

的转变。在乌海荒漠植被草原灌丛化发展过程中，草本植物盖度从 60%～70% 降到 30%～40%（夏菲，2017）。邢媛媛等（2018）研究指出，埃塞俄比亚博拉娜区草地灌丛化过程中，草地生产力显著下降，主要是灌木抑制了草本植物的生长。但在加利福尼亚草原，灌丛化过程中生态系统的地上、地下生物量均呈增加趋势。此与笔者的研究结论不一致，主要是因为该研究中地上生物量包含了灌木的生物量。可见灌木扩张降低了典型草地的初级生产力，该区典型草原正处于灌木入侵定居阶段。

物种多样性一直是群落生态研究的主要内容。草地灌丛化过程中，草本优势与木本优势植物一直处于竞争状态，对草地的物种多样性产生着影响。Ratajczak 等（2012）综合分析草地灌丛化对北美洲草原物种多样性的影响发现，灌丛化显著降低了草地的物种多样性。在美国新墨西哥州近 100 年来的草地灌丛化过程中，物种丰富度也呈下降趋势（Báez 和 Collins，2008）。在内蒙古草原，当草本植物或灌木小叶锦鸡儿占据优势时，能够维持较高的生物多样性；但是灌丛化在演变过程中，草地的物种多样性降低（陈璟，2010）。然而Howard等（2012）和邢媛媛（2017）研究表明，灌丛化能显著提高草地的物种丰富度，主要是因为灌丛的扩张在一定程度上限制了牲畜的采食行为，降低了放牧对草本植物的影响。另外，灌丛的"沃岛效应"为耐阴牧草的生长提供了更多的水分和养分，增加了物种种类。但笔者的研究表明，灌木扩张对黄土高原典型草原草地物种多样性的影响不显著。产生分歧的原因有很多，可能与植被的类型、灌丛化发展的阶段、地理位置及环境因素有关，因此灌丛化对物种组成的影响没有形成统一定论。笔者的研究是在围封20多年的草地上进行采样，完全排除了家畜对草地群落的影响。因此，草本植物和优势木本植物处于竞争状态。但又由于该阶段为灌木入侵的初期或中期，因此灌木未能显著改变物种多样性。

根据研究灌木扩张下草地与灌草群落稳定性的结果，灌草群落会导致群落稳定性降低，且草地群落最接近于稳定点，群落相对较为稳定。根据Pearson相关分析表明，灌木扩张下，草地群落与灌草群落的植物群落稳定性与多样性指数不相关，这与陈璟（2010）对莽山自然保护区的研究结果相类似，但是与Mougi和Kondoh（2012）的研究结果不一致。存在差异的原因可能是，与环境地理因素和自身特性有关。

草地灌丛化影响土壤资源的空间分布，将改变灌丛及草地间土壤中养分和水分的分配格局（杨阳等，2014）。笔者的研究表明，灌草群落0～40cm土层的含水量高于草地群落和灌丛群落。在灌丛群落表层水分含量低，主要是因为过密的灌丛并不利于生态系统水分的保存（张宏等，2001）。灌木入侵提高了典型草原土壤表层的含水量，这与彭海英等（2013）的研究结果一致。在内蒙古典型草原区，小叶锦鸡儿灌丛化过程中，灌丛斑块能捕获更多水分来维持更多的生物量。灌木扩张提高了典型草原土壤碳、氮库的含量，但对土壤磷含量的影响不显著。张强（2001）

指出，随着小叶锦鸡儿灌丛的扩张，晋西北草地土壤全氮和有机质含量呈逐渐增大趋势，但土壤中有效磷则呈逐渐下降趋势。灌木扩张过程中土壤养分增加主要是由"沃岛效应"引起的。但李小军等（2012）对腾格里沙漠东南缘沙质草地灌丛化的研究表明，灌丛草地的氮流失量显著大于草地生境，草地灌丛化引起了土壤养分的下降。这些研究结果的不一致主要与草地灌丛化阶段、入侵灌木种类和取样方法有关。柴华等（2014）指出，灌丛化草地不同取样位置的碳贮量差异很大。当入侵植物为豆科灌木时，则灌丛化草地的氮含量增加（Ratajczak 等，2012）。笔者研究发现，灌丛群落土壤有机碳、氮和磷含量均低于草地群落和灌草群落，说明过密的灌木不利于养分的保存。可见，目前该区草地正处于灌木入侵定居阶段，灌木的入侵提高了土壤水分和养分含量，并未造成生态系统的退化。D'Odorico 等（2012）指出，灌木入侵的早期阶段是可逆的。如果这个阶段及时干预，如灌木清除、火烧等，则可限制灌木的持续扩张，逆转草地的灌丛化进程。在该研究样地，草地的生态功能在一定程度上大于生产功能，因此，笔者认为灌丛化对该区草地生态保护具有积极作用，这为该区草地管理提供了重要的理论依据。

植被和土壤是一个密不可分、息息相关的系统，土壤和植被相互影响、相互作用，土壤为植被的生长发育提供水分和养分，植被的生长和退化过程也影响着土壤的空间分布格局（Huston等，1980；Vanguelova 等，2005）。笔者研究发现，草本生物量与全磷、表层含水量、全氮和有机碳含量均达到显著正相关关系。土壤养分不仅对草本地上生物量的生长发育起着关键的作用；同时，土壤水分和养分对物种多样性也产生了极大的影响，土壤水分和养分的差异会导致物种多样性的改变（盛茂根等，2015）。研究表明，物种 Shannon-Wiener 指数和土壤 20～60cm有机碳和 20～40cm 土层的全氮含量均呈显著正相关关系，但土壤水分、全磷和碱解氮含量对物种多样性指数的影响不显著。土壤的有机碳和全氮含量对 Shannon-Wiener 指数具有极显著影响，且呈正相关关系，这与肖德荣等（2008）的研究结果并不一致，出现差异的原因可能是地理环境和群落演替阶段之间的差异造成的。土壤的全磷和全氮含量对物种均匀度指数具有极显著的影响，且具有负相关关系。郑楠等（2009）研究发现，多样性与土壤之间有一定的负相关关系，与笔者的研究结果相类似。因此，地上植被（草）的生长情况、物种 Shannon-Wiener 指数和均匀度指数可以作为评价土壤质量和肥力的重要指标，也为灌木入侵的土壤空间分布格局提供了预示作用，从而可以进行更有效的管理。

四、结论

云雾山典型草原灌木入侵定居阶段，主要的入侵灌木为丁香和土庄绣线菊。灌木入侵和扩张，降低了草本植物的盖度和地上生物量，提高了草本植物的密度，未明显改变草地植物的优势种，对物种多样性的影响也不显著。灌木扩张可提高草地群落20～40cm 土层的含水量，未显著改变表层和深层的含水量。灌木入侵虽然降低了草地生产力，但提高了该区碳和氮库贮量，并未造成生态系统的退化。

第五章
火烧对草地群落的影响进展

火烧是一个动态的生态系统过程，通常可以预测，但火烧时间和发生概率具有不确定性。只要地球上存在植被和闪电，它一直会是塑造植物群落的一个重要因素。火是生态系统独特的、正常的、重要的、常见的生态因子。如果气候条件不好，如遇干旱和大风，人工草地和天然草原都易遭受火烧。对火烧影响的研究对草原管理者越来越重要，因为火烧是一种扰动过程，是生态系统管理和恢复生态学重要的研究内容。它引发生态系统变化，从而影响植被的物种组成、结构和格局。另外，它还影响生态系统的土壤和水资源，对生态系统过程和功能至关重要。

火烧对生态系统的影响非常复杂，涉及从减少地上植物量到地下物理、化学及微生物调节等一系列生态过程。对于陆地生态系统来说，火烧是非常重要的生态过程，特别是草地生态系统。从稀树草原到灌木草地，再到苔原草地；从高草草原到中草草原，再到矮草草原，关于草地火生态的研究都从来没有停止过。

火烧影响着草地植被群落的演替，也关系牧草在畜牧业中的利用，对生态环境的改善具有重要的调节作用，一直是生态学领域研究的热点问题之一。火烧对草地生态系统具有正反两方面的影响。对草地来说，它不仅仅是一种破坏力量，更是一种自然植被正向演替的管理方式。研究火烧对草地生态系统的干扰机制，揭示其影响规律对发展和丰富生态学具有重要意义。

一、火烧对草地物种组成和群落结构的影响

火烧影响植物种群的形成过程、控制群落的组成和外貌（黄建辉等，2001）。草地生态系统经历火烧的干扰后，不同植物对

火烧的响应程度差异较大，会直接影响物种的组成与群落结构。草地对火的响应是非常迅速的（Gibson，1988），火烧后草地植物群落和物种组成可发生明显改变，且短期内不能迅速恢复；同时，火烧干扰后土壤理化性质的改变对物种组成和群落结构也会产生影响。在阿根廷的安第斯草原，火烧对草地群落结构和动态变化的影响比放牧更剧烈（Carilla，2011）。王谢等（2013）指出，冬季火明显改变了川西亚高山草地植物群落的物种组成，冬季火烧导致了多年生禾草数量和多年生杂草的数量减少，一年生禾草、一年生杂草和灌木的数量增加。严超龙（2008）指出，火烧改变了群落的物种组成，使野谷草（*Arundinella setosa*）成为火烧迹地草本植物的优势种。另外，在羊草草原上，火烧促进了建群种羊草的生长发育，提高了羊草的密度，却降低了半灌木冷蒿和小叶锦鸡儿的密度（刘钟龄等，1993）。Hobbs 和 Huenneke（1992）指出，火烧可为新的植物个体或物种提供新的生长空间。火可改变土壤微生物的群落结构和营养食物网，进而有利于入侵植物抢占资源（Seastedt 和 Pyšek，2011）。Flematti 等（2011）也指出，火烧产生的氰化物促进了新的植物种子的萌发。虽然火烧促进了种子的萌发，但真正萌发成新植株的却很少。但 Knops（2006）研究指出，火烧后地上植被的物种组成并没有显著变化，主要是因为研究区草原比较贫瘠，生物量较低，枯落物积累得也较少。火烧对植被物种组成和群落结构的影响因火烧季节、频率和地点的不同而不同。Gucker 和 Bunting（2011）指出，夏季火烧对植物群落无明显影响。Kirkman（2014）也指出，火烧频率对北美洲和南非湿地草原群落结构和物种组成的影响不同，主要原因与优势种及与它们的高度和无性繁殖方式等特征有关，而与频繁火烧引起的土壤 N 降低无关。

　　火烧显著降低了草地群落的盖度。川西北高寒草甸进行火烧后，草本植物群落的盖度显著下降（向泽宇等，2014）。火烧干扰降低了内蒙古四子王旗荒漠草原地上植被群落的盖度（陆婷婷，2014）。在澳大利亚东南部的维多利亚阿尔卑斯国家公园里的亚高山草原经历火烧后，植被盖度迅速从原来的70%以上降低为15%左右（Wahren等，2001）。火烧后地上植被盖度从原来的93%显著降到79%，说明多年生草地在经历火烧后短期内植被得以恢复，但还未恢复到原来水平。Snyman（2015）指出，南非的半干旱草原经历火烧后，至少需要两个生长季地上植被才能得以恢复。

二、火烧对草地物种多样性的影响

火是调控草地生态系统物种多样性的主要力量之一（Harrison，2003）。闫志刚等（2009）指出，火烧降低了野生黄花蒿群落的物种多样性。火烧后荒漠化草原物种丰富度和物种多样性均有降低（贺郝钰等，2011）。在北美洲草原，物种多样性随火烧频率的增加而降低（Collins，1987）。也有研究表明，火烧可以提高草地的物种丰富度和物种多样性。火烧降低了地上立枯物和枯落物的比例，提高了物种丰富度和物种多样性（Carilla等，2011）。火烧可使松嫩羊草草原物种丰富度和物种多样性显著增加（李晓波等，1997）。在美国堪萨斯州的堪萨草原自然保护区内，物种多样性随火烧频率的增加而提高（Hartnett等，1996）。

火烧对物种多样性的影响会因火烧时间的不同而不同。在东北羊草草原，春季火烧显著增加了一年生植物和杂类草的物种数（周道玮和刘仲龄，1994）。在北美洲混合草原，早春火烧可使杂类草的物种数迅速提高，物种丰富度提高14%~16%（Collins，1992）。早春火烧增加物种丰富度一方面是因为春季火烧可消除地上立枯物和枯落物，减少地表覆盖率，为竞争力较弱的物种提供了空间和光照；另一方面是土壤温度和光照强度的增加刺激了土壤种子库中的种子萌发，提高了竞争力弱的牧草种子的萌发率

（Knapp 和 Seastedt，1986）。周道玮等（1996）指出，晚期火烧显著降低了植物多样性和物种丰富度。一方面是因为晚期火烧使一些植物受到伤害而死亡，另一方面是火烧大大降低了种子产量。火烧后地上生物量的变化与降水有很大关系。降水不足时，火烧地生物量下降；降水充分时，火烧地生物量反而显著提高。

另外，火烧对物种多样性的影响也会随着火烧强度、频率不同而不同。在北美洲高禾草草原群落，物种丰富度随火烧次数的增加呈明显的下降趋势（Collins，1987）。在美国的 Cedar Creek 生态科学自然保护区内，物种丰富度随火烧频率的增加而显著降低，但地上生物量随着火烧频率的增加而无显著变化（Li 等，2013）。Peterson 和 Reich（2008）指出，草本层物种丰富度在两年一次火烧频率下达到最大，符合中度干扰假说。可见，火烧对物种多样性的影响研究结果不尽一致，其内在机制还需进一步研究。

三、火烧对土壤的影响

由于火烧发生的环境、季节、过火时间、地被物状况和过火历史等差异，因此草地土壤理化性质对于火的响应存在较大差异。

（一）　火烧对草地土壤物理性质的影响

火烧对土壤物理特性的影响范围较大。由于草原火通常随风快速移动，并且燃料的消耗远少于灌木林和森林，因此土壤热量显著降低，对草地造成的损害较少。由于火烧对草地损害程度较低，因此野火与人为火烧对草地土壤影响的差异很小。

土壤水分含量受大气降水、蒸发、植物吸收蒸腾及土壤特性等的影响，是决定植物生长及系统构成的重要指标。周道玮等

（1999）研究表明，内蒙古鄂温克旗草原经火烧后，土壤水分含量降低，火烧对土壤含水量影响的平均深度为 55cm。火烧不利于土壤墒情保护，距离春季萌发的时间越早，土壤水分含量损失越多。一方面是由于火烧去除了枯落物，降低了对土壤的保护；另一方面是土壤温度升高、土壤水分蒸发增加的原因。但也有研究指出，火烧后草地土壤含水量提高。梁少民等（2005）研究表明，在春季火烧地土壤 0～30cm 的含水量显著低于未烧地。

另外，火烧地表层土壤硬度高于未烧地，而深层相反。春烧地和秋烧地表层土壤硬度低于未烧地和火烧地，深层硬度高于火烧地。火烧地土壤容重和密度发生变化，导致火烧地孔隙度明显高于未烧地。Bowker 等（2004）研究发现，美国草原火烧后土壤发生了板结。Stoof 等（2010）研究发现，火烧或加热到 300℃会导致土壤质地和容重变化。Are 等（2009）认为，土壤孔隙度减少，导致土壤入渗率、吸附水平和饱和导水率降低；同时，还发现土壤硬度有所增加，但在各土层中的表现并不显著。

（二） 火烧对草地土壤养分的影响

在不同植被类型之间，地上和地下有机物的含量差异很大，主要取决于特定地区的温度和湿度条件。在全世界几乎所有的生态系统中，地下的碳量（衡量有机物产量的一种）要高于地上。在草原、热带稀树草原和冻原覆盖的地区，草本植物生态系统的地下植物部分（90%）比地上部分（<总碳的 10%）含有更多的有机碳。由于草原中地下有大量的碳，因此火灾不会显著影响碳在土壤物理特性中的作用或重要性。火烧后土壤有机碳含量的变化没有统一的研究结论，主要可以归纳为升高、降低和维持不变 3 种类型，这主要与火烧强度、火烧地的土壤类型有关。

Sharrow 和 Wright（1977）研究发现，火烧能提高土壤氮矿化度。由于植物种类不同，火烧后土壤氮矿化度不同，因而土壤中的氮含量变化不同。Owensby 和 Myrill（1973）指出，火烧季节改变土壤氮含量的变化。关于火烧后土壤全氮含量的变化没有统一研究结果。有的研究指出，有些草地经火烧后氮含量增加，而有些草地经火烧后氮含量减少。White 等（2001）发现，高强度的火引起土壤氮含量减少，而低强度的火不会引起氮含量发生变化。高山草甸过火后，土壤氮含量显著降低，磷、钾含量基本保持不变，土壤氮磷比、氮钾比明显降低，标志着火烧造成土壤氮素的大量损失，土壤氮相对磷、钾而言，供应更加缺乏。在美国中部大平原每年高草草原的焚烧导致土壤有机氮、微生物生物量、氮的有效利用和较高的碳氮比大大降低。由于火烧降低了土壤氮等养分，影响非豆科植物对氮的吸收，并降低了非豆科植物叶片氮的含量，从而导致非豆科植物归还到土壤中的氮减少，因此火烧导致草地在较长时期内，土壤氮等营养元素缺乏。但 Livesley（2011）发现，澳大利亚北部大草原生态系统在 2008 年经火烧后，硝态氮含量不变，铵态氮含量明显增加，N_2O 交换不受火烧的影响。Neill 等（2007）也发现，火烧后总碳氮含量没有显著变化。

火烧后磷通过挥发和淋溶损失的部分很少，很多研究表明火烧对土壤全磷的含量没有显著影响。宋启亮等（2010）指出，大兴安岭火烧对土壤全磷含量没有明显的影响。但 Ketterings 发现，火烧改变了土壤吸附能力和可溶性磷含量。Vlamis 和 Gowans（1961）发现，磷含量在火烧后增加。但 Scoter（1964）指出，火烧后磷含量减少。由于地表可燃物的特点及火强度的不同，因此结果变化相当大。

草原火影响土壤的养分状况、有机质含量及其在土层中的分配。火烧会改变和增加土壤中化学他感作用物质的种类和数量，刺激和影响各种植物体内的内分泌过程等。这些变化对不同植物种类的作用效果可能会完全不同，有可能促进某种植物的生长发育，同时也有可能抑制另一种植物的生长。火烧后土壤变化的原因有：①火烧产生灰分，追加到土壤中，气化掉大部分的氮等气体元素；②改变枯落物分解归还速率；③加速淋溶，使养分分配发生变化；④改变微生物数量和种群结构。

（三） 火烧对草地土壤微生物的影响

火烧对草地土壤微生物数量和生物量有较大影响。Ponder 等（2009）发现，每两年火烧后，稀树草原的土壤微生物群落的磷脂和土壤养分含量都受到影响。不同时间不同频次的草原经火烧后，土壤各类群微生物及微生物总量均产生了一定的垂直变化和季节动态。Andersson 等（2004）在研究热带稀树草原时认为，火烧对微生物生物量和活性的影响相对于其季节变化特性来说小得多，季节变化才是实质性的。火烧后土壤微生物数量和生物量随着生长季由春季到秋季的推进而升高。与春季火烧相比，秋季火烧更有益于土壤微生物数量的增加。火烧后不久，草地土壤微生物数量和生物量低于未烧地；经过一段时间的恢复，草地微生物数量和生物量逐渐升高，但并超过未火烧地。

火烧地经一年生长恢复以后土壤微生物数量增多，表现为火烧地土壤微生物高于未烧地土壤微生物。到生长季中期，火烧地表层土壤微生物数量低于未烧地；而到生长季末期，土壤微生物量低于未烧地。微生物的总生物量随着春、夏、秋季节的变化而增加。刚火烧的迹地其微生物生物量基本与未烧地相同，以后则减少，次年微生物的总生物量比未烧地明显增加。火烧主要影响 $0\sim30cm$ 土层的土壤微生物含量。Hart 等（2005）提出，火烧对土壤微生物群落结构的影响机制，即短时间机制是火诱导了微生物的死亡，长期机制是通过植物群落结构及其所生存的土壤环境来修改微生物群落结构。

四、火烧对植物自然更新的影响

火烧也是草地生态系统主要的干扰因子之一。植物群落在经历火烧等干扰后，植被的自然恢复能力取决于繁殖库的大小和种群繁殖更新能力的大小。近年来，国内外对火烧后植物种群动态变化的描述、植物的火后更新机制、火烧因子（包括火的强度、发生季节、频率和持续时间等）对群落演替的影响、火后演替方向和过程等已有大量研究。在地中海地区，植物的火烧后更新策略有3种类型：①在地中海流域的绝大多数阔叶树种和灌木主要是通过植物的地下部分进行萌生更新；②通过种子萌发和萌生更新，这类主要是灌木和多年生的草本植物，它们不仅能利用火后的特殊环境占据火前的位置，而且能够通过建成新的幼苗而扩散；③通过种子库中的种子萌发来进行更新，这类主要是在火烧发生期间被烧死的植物（Keeley，1991）。另外，侯学煜（1987）指出，在严重干扰生境中，沙生植物主要通过产生不定芽和不定根等营养繁殖方式来适应沙性。刘志民（1992）指出，木岩黄芪（*Hedysarum fruticosum* var. *lignosum*）主要凭借根茎繁殖来抵抗沙埋和干旱。赵文智和刘志民（2002）研究发现，砂生槐（*Sophora moorcroftiana*）在遭受砍伐和沙埋后以无性繁殖为主，而未遭受砍伐和沙埋时则以有性繁殖为主。

五、火烧对芽库的影响

火烧是影响草原植物芽库动态的一个关键因子。北美洲高草草原经历火烧干扰后，植被恢复与更新主要依靠芽库（Hartnett等，2006）。在以多年生植物为主的草地生态系统，火烧对芽库构成、大小、芽由休眠转化为活动状态的方式及产生分蘖的数量有显著影响。此外，火烧还通过影响芽库及分蘖的动态而极大地影响着地上净初级生产力。不同植物类群对火烧的响应不同。在北美洲高草草原，火烧对地下芽库的物种组成、大小、分布格局及其动态有显著影响，火烧显著降低了禾草芽库密度，而提高了非禾草芽库密度（Benson等，2004）。Dalgleish 和 Hartnett

（2006）对北美洲草原芽库的研究也得出了相同的结论。火烧频率显著影响芽库动态变化。火烧频率增加不仅没对北美洲高草草原芽库中芽的死亡率产生影响，反而增加了芽的萌发能力。也有研究表明，减少火烧频率能刺激芽生产和增加分株密度，如多年生非禾草草原松果菊 *Ratibida columnifera*（Hartnett，1991）。尽管研究结果不一致，但可以看出火烧通过刺激芽生产和萌发而影响芽库动态。但在美国威斯康辛州，火烧对大须芒草 *Andropogon gerardii*、*Sorghastrum nutans* 和柳枝稷 *Panicum virgatum* 这 3 个种群地下芽库的影响不显著（Choczynska 和 Johnson，2009）。可见，目前还不能就火烧对芽库的影响得出一个统一的结论。造成这种状况的原因很多，如群落类型的差异、研究方法带来的技术性差异等，也有物种本身的生物学特征所导致的差异。

六、结论

总之，火烧对植物群落的影响包括两方面：它烧死了大量的植物，破坏了群落的结构和功能，改变了群落的更新和演替格局及土壤的理化性质与养分循环，给自然生态系统带来了严重的损害；火烧作为影响植物群落更新的决定性生态因子之一，能改变植物开花物候、果实的开裂、种子的散落和萌发，改变种子种皮对水的渗透性，破坏或驱除在种皮、胚乳和胚芽上的化学抑制剂或寄生昆虫，改变胚芽的代谢格局；另外，还能够改善群落结构，促进物质循环和新的物种生长发育，有利于促进自然生态系统的良性循环，在维持生物多样性等方面起着重要作用。

第六章

云雾山典型草原优势草种生态位对火烧不同恢复年限的响应特征

　　草地是生态系统中可繁殖更新的自然资源和主要组成类型，对草地生态环境的了解，有助于草地植被的繁殖更新及生态系统的可持续发展（赵凌平等，2015）。火作为草地生态系统的关键因子，同时也是人类在草地生态系统管理与利用中比较常见的干扰方式。它直接作用于种群的形成过程、繁殖策略和生态系统功能，并对群落的结构与组成、外貌特征、演替进程及动态变化有着显著的影响。因此，火烧始终都是作为生态学领域的热点问题来研究（赵凌平等，2016）。

　　生态位作为种群在时间、空间位置及种群在生物群落或生态系统中的地位与功能作用（史晓晓等，2014），这一理论已在群落结构、物种多样性、种群进化、种间关系等相关研究领域中得到普遍运用（杨效文和马继盛，1992）。目前，国内外生态学者对植物群落生态位进行了较多的研究，大多数侧重对不同干扰条件下群落生态位的研究或对某个群落优势物种生态位的比较研究。史晓晓等（2014）探究了云雾山典型草原在恢复演替进程中不同封育年限优势种群的生态位动态；张晶晶等（2013）分析了宁夏荒漠草原优势草种生态位对不同封育年限的响应特征；付为国等（2007）探讨了镇江内江湿地草地群落在不同演替阶段的生态位动态；井光花等（2015）研究了不同干扰条件对云雾山长期封育草地优势种群生态位宽度和生态位重叠的影响，但有关天然草地优势物种生态位对火烧的响应研究却少有报道。因此，深入研究天然草地优势物种生态位对火烧不同恢复年限的响应特征对草地资源的合理利用和退化草地的恢复具有一定的促进作用。本章以云雾山典型草原群落为研究对象，以未火烧草地为参照，比较了优势草种对火烧后不同恢复年限（1 年、2 年和 5 年）的响应特征，并结合物种多样性与物种丰富度，主要从优势物种生态位宽度与生态位重叠等方面来揭示其响应特征，以期为今后的火生态研究及对恢复云雾山天然草地的管理利用与恢复重建提供基础依据。

一、材料与方法

（一）　试验方法

本试验是在云雾山自然保护区试验区开展，运用空间序列替代时间序列的采样方法来进行实地采样。由于人为因素曾多处发生着火现象，并立即被扑灭。在 2014 年 7 月分别选取 3 块火烧强度、坡度、坡向、海拔基本一致且原始植物群落优势种均为本氏针茅的火烧迹地作为研究对象，3 个火烧迹地相距 4～5km，分别于 2013 年（火烧后 1 年）、2012 年（火烧后 2 年）、2009 年（火烧后 5 年）各进行火烧 1 次，并且选取与火烧后 1 年草地区附近的未受火烧干扰的封育 23 年本氏针茅群落草地作为对照样地。试验样地的基本情况参考表 6-1。

表 6-1　试验样地基本情况

样地	面积 （hm²）	海拔 （m）	坡度 （°）	坡向	土壤类型	火烧强度	火烧时间 （年）
未火烧	30	2 043	15	NE	灰褐土	轻度	未火烧
火烧后 1 年	10	2 055	15	NE	灰褐土	轻度	2013
火烧后 2 年	15	2 059	17	NE	灰褐土	轻度	2012
火烧后 5 年	15	2 063	14	NE	灰褐土	轻度	2009

地上植被的调查在 2014 年 7 月开展，此时正是植被营养生殖的高峰期。在每个样地随机设置 40 个 1m×1m 的样方实施地上植被调查，并且每个样方间的间隔至少为 5m。在每个样方中

具体记录群落种类的组成及每个种群的株（丛）数、高度、频度及盖度等。盖度采用目测法测定，高度通过选取每个种群随机 3 株的平均值来计测，频度为植物在每个样地所出现的样方个数。然后按种用剪刀将地上绿色部分齐地面全部剪掉分类放入纸袋，之后放入 75℃恒温烘箱内烘至恒重后再称重。

（二） 数据处理

1. 重要值（important value） 其计算公式参照本书第四章。

2. 生态位宽度（niche breadth） 运用 Levins 生态位宽度公式进行计测：

$$B_i = -\sum_{j=1}^{r} P_{ij} \lg P_{ij}$$

式中，B_i 为物种 i 的生态位宽度；P_{ig} 为物种 i 在第 j 个资源的利用占它对所有资源利用的频率；$P_{ij} = n_{ij}/N_{ij}$，$N_{ij} = \sum n_{ij}$，n_{ij} 是物种 i 在资源梯度级 j 的重要值，笔者通过样方来代替资源等级数；r 是样方数（$r=40$）。

3. 生态位重叠（niche overlap） 运用 Pianka 生态位重叠公式进行计测：

$$Q_{ik} = \frac{\sum_{j=1}^{r} P_{ij} P_{kj}}{\sqrt{\sum_{j=1}^{r} P_{ij}^2 \sum_{j=1}^{r} P_{kj}^2}}$$

式中，Q_{ik} 为物种 i 与物种 k 的重叠度指数，其余符号含义同上。

4. 样地全部种群间生态位重叠的总平均值 其计算公式如下：样地全部种群间生态位重叠的总平均值＝样地内全部种群间生态位重叠值总数/总种对数

5. 物种丰富度 Patrick 指数计算公式 同第三章。

6. 物种多样性 Shannon-Wiener 指数 计算公式同第三章。

使用 Excel 2003 进行数据处理，应用统计分析软件 SPSS16.0 软件进行单因素方差分析。

二、结果与分析

（一）　不同火烧恢复年限草地优势种群生态位宽度的变化

在云雾山典型草原，堇菜科、豆科和莎草科的生态位宽度较宽，禾本科和蔷薇科（除个别物种外）的生态位宽度相对较窄。表明堇菜科、豆科和莎草科对火烧后环境的适应能力和对资源的利用能力较强，其他科物种则相对较弱。主要植物种群的竞争能力和资源占有强度在不同火烧恢复年限样地具有明显变化。未火烧草地生态位宽度较大的种群为干生苔草、青海苜蓿和赖草，分别为 0.963、0.958 和 0.948。说明这 3 种植物对资源的综合利用能力较强，占绝对优势，是未火烧草地的优势种群。火烧后 1 年的草地，以二裂委陵菜、多毛并头黄芩、裂叶堇菜、青海苜蓿的生态位宽度最大。说明这些种群在火烧干扰条件下的适应能力较强，而且一些新增种群密毛白莲蒿、远志、蓬子菜、硬质早熟禾和柴胡随生境的改变而侵入并占据一定的生态位。火烧后 2 年的草地，以二裂委陵菜、干生苔草、柴胡、硬质早熟禾生态位宽度最大，其中二裂委陵菜的生态位宽度拓宽，其生态位宽度升至达到其在火烧恢复年限中的最高值，仍为群落的优势种，对资源综合利用能力也有所提高。火烧后 5 年的草地，生态位宽度较大的种群为裂叶堇菜、甘青针茅、甘菊、青海苜蓿，分别为 0.960、0.953、0.949 和 0.948（表 6-2）。

表 6-2 还表明，火烧草地在自然恢复过程中，百里香和赖草生态位宽度在进一步缩小，百里香在火烧后 5 年骤减 57.7%，赖草在火烧后 1 年骤减 56.3%且未在火烧后 5 年调查样方内发现其踪迹，而是被裂叶堇菜所替代。说明火烧后地表

长时间的裸露使得土壤水分得到较多的损失，这是个别植物个体发育及群落发展的不利因素。大针茅生态位宽度在火烧后持续缩减，但在火烧后 5 年骤增，增幅为 47.4%。同时，在火烧后 1 年的草地，出现了一些新增物种（硬质早熟禾、密毛白莲蒿、星毛委陵菜和蓬子菜）。表明火烧使地上凋落物与立枯物减少甚至得以消除，这为竞争力相对较弱的多年生草种的进入提供了一定的生存空间，种群间的竞争关系得到缓和。干生苔草和二裂委陵菜的生态位指数在所有样地中整体较高，说明其对资源的利用能力和对环境的适应能力整体都较强。此外，火烧不同恢复年限草地，禾草甘青针茅的生态位宽度进一步提高，由未火烧时的末位上升至优势种群，说明甘青针茅的耐火烧能力较强，在草地返青季能够快速地生长发育并成为群落的优势种群。由此可知，火烧后对甘青针茅生态位宽度产生积极影响。

表 6-2　不同火烧恢复年限草地优势种群生态位宽度

科	编号	物种	未火烧	火烧后 1年	火烧后 2年	火烧后 5年
	1	大针茅 *Stipa grandis*	0.935	0.595	0.481	0.915
	2	甘青针茅 *Stipa przewalskyi*	0.398	0.897	0.903	0.953
	3	硬质早熟禾 *Poa sphondylodes*	—	0.630	0.939	0.821
	4	散穗早熟禾 *poa subfastigiata*	0.441	0.731	0.453	0.789
禾本科	5	赖草 *Leymus secalinus*	0.948	0.414	0.436	—
	6	扁穗冰草 *Agropyron cristatum*	0.740	—	0.596	0.619
	7	披碱草 *Elymus dahuricus*	0.689	0.738	—	0.701
	8	茅香 *Anthoxanthum nitens*	0.740	0.445	—	0.758
	9	香茅草 *Cymbopogon citratus*	0.530	—	0.759	—

（续）

科	编号	物种	未火烧	火烧后1年	火烧后2年	火烧后5年
菊科	10	甘菊 *Chrysanthemum lavandulifolium*	0.896	0.873	—	0.949
	11	翼茎凤毛菊 *Saussurea japonica* var. *pteroclada*	0.804	0.844	0.792	0.643
	12	密毛白莲蒿 *Artemisia sacrorum* Ledeb. var. *messerschmidtiana*	—	0.861	—	0.870
	13	猪毛蒿 *Artemisia scoparia*	0.922	—	0.862	—
	14	白莲蒿 *Artemisia sacrorum*	0.905	—	—	0.778
	15	火绒草 *Leontopodium leontopodioides*	0.708	0.777	0.847	0.894
	16	阿尔泰狗娃花 *Heteropappus altaicus*	0.842	0.798	0.733	0.568
	17	北方还阳参 *Crepis crocea*	0.904	0.773	—	0.856
	18	飞廉 *Carduus acanthoides*	0.694	—	0.591	0.812
唇形科	19	多毛并头黄芩 *Scutellaria scordifolia*	0.921	0.936	—	0.898
	20	百里香 *Thymus mongolicus*	0.881	0.870	0.795	0.373
蔷薇科	21	二裂委陵菜 *Potentilla bifurca*	0.929	0.939	0.981	0.913
	22	星毛委陵菜 *Potentilla acaulis*	—	—	0.281	0.230
	23	多茎委陵菜 *Potentilla multicaulis*	0.689	—	—	0.674
堇菜科	24	裂叶堇菜 *Viola dissecta*	—	0.919	0.939	0.960
	25	紫花地丁 *Viola philippica*	0.852	0.865	—	—
豆科	26	青海苜蓿 *Medicago archiducis-nicolai*	0.958	0.916	—	0.948
橘梗科	27	细叶沙参 *Adenophora capillaric*	0.895	0.739	—	0.869
	28	长柱沙参 *Adenophora stenanthina*	0.856	0.710	—	0.935
伞形科	29	柴胡 *Bupleurum chinensis*	—	0.591	0.979	—
远志科	30	远志 *Polygala tenuifolia*	—	0.834	0.837	—
莎草科	31	干生苔草 *Carex aridula*	0.963	0.845	0.980	0.932

（续）

科	编号	物种	未火烧	火烧后1年	火烧后2年	火烧后5年
茜草科	32	蓬子菜 *Galium verum*	—	0.669	0.534	0.809
报春花科	33	直立点地梅 *Androsace erecta*	0.743	0.790	—	—
百合科	34	野韭 *Allium ramosum*	0.522	—	0.835	0.836

注："—"代表物种不存在。

（二）　不同火烧恢复年限草地优势种群各种对的生态位重叠指数变化

根据表 6-2，选取生态位宽度较大的物种分析 Pianka 生态位重叠指数，其结果如表 6-3 至表 6-6 所示。由表 6-3 可知，未火烧的草地优势种对生态位重叠指数为 0.352～0.950，重叠指数最大的种对为多茎委陵菜和青海苜蓿，表明裂叶堇菜和青海苜蓿在对资源的需求方面具有很强的相似性；其次为甘菊和细叶沙参及大针茅和细叶沙参，分别为 0.950、0.949 和 0.924；重叠指数最小的种对为翼茎风毛菊和紫花地丁，其值为 0.352，说明翼茎风毛菊和紫花地丁在环境资源生态学的要求上存在一定的差异。

由表 6-4 可知，火烧后 1 年的草地优势种对生态位重叠指数为 0.454～0.988，重叠指数最大的种对为翼茎风毛菊和百里香，表明它们之间存在着较为相似的生物学特性；其次为多毛并头黄芩、裂叶堇菜及多毛并头黄芩和二裂委陵菜，分别为 0.988、0.955 和 0.947；重叠指数最小的种对为远志和干生苔草，其值为 0.454，表明其生物学特性的相似程度较小。通过对比表 6-3 和表 6-4 可知，相比未火烧草地来说，火烧后 1 年草地大部分种对的生态位重叠指数都有一定程度的增加，但裂叶堇菜和青海苜蓿的生态位重叠指数却明显降低。

第六章 云雾山典型草原优势草种生态位对火烧不同恢复年限的响应特征 | 077

表 6-3 未火烧草地优势种群各种对的生态重叠指数

物种编号	1	5	10	11	13	14	16	17	19	20	21	23	25	26	27	28	31
1	1																
5	0.781	1															
10	0.898	0.658	1														
11	0.666	0.521	0.815	1													
13	0.851	0.739	0.714	0.439	1												
14	0.723	0.769	0.591	0.655	0.570	1											
16	0.702	0.683	0.654	0.614	0.760	0.570	1										
17	0.896	0.710	0.877	0.623	0.821	0.571	0.660	1									
19	0.719	0.652	0.724	0.814	0.637	0.770	0.546	0.645	1								
20	0.750	0.682	0.710	0.683	0.542	0.795	0.371	0.665	0.852	1							
21	0.652	0.811	0.589	0.469	0.667	0.619	0.617	0.617	0.750	0.753	1						
23	0.689	0.756	0.663	0.432	0.755	0.644	0.599	0.651	0.709	0.736	0.912	1					
25	0.657	0.853	0.462	0.352	0.674	0.635	0.602	0.630	0.439	0.611	0.655	0.592	1				
26	0.745	0.796	0.714	0.534	0.741	0.730	0.522	0.719	0.838	0.836	0.906	0.950	0.571	1			
27	0.924	0.743	0.949	0.681	0.684	0.613	0.558	0.888	0.638	0.749	0.621	0.664	0.571	0.729	1		
28	0.607	0.627	0.785	0.689	0.647	0.428	0.598	0.603	0.740	0.597	0.732	0.788	0.391	0.774	0.663	1	
31	0.821	0.856	0.685	0.651	0.867	0.809	0.809	0.739	0.799	0.745	0.783	0.771	0.831	0.781	0.655	0.663	1

表 6-4 火烧后 1 年的草地优势种群各种对的生态位重叠指数

物种编号	2	10	11	12	19	20	21	24	25	26	30	31
2	1											
10	0.614	1										
11	0.720	0.660	1									
12	0.512	0.793	0.671	1								
19	0.833	0.761	0.782	0.805	1							
20	0.721	0.669	0.988	0.718	0.808	1						
21	0.804	0.830	0.852	0.884	0.947	0.880	1					
24	0.718	0.879	0.812	0.845	0.955	0.835	0.939	1				
25	0.524	0.893	0.458	0.874	0.711	0.508	0.764	0.776	1			
26	0.846	0.701	0.741	0.768	0.861	0.779	0.912	0.790	0.722	1		
30	0.680	0.552	0.711	0.690	0.778	0.753	0.836	0.727	0.465	0.654	1	
31	0.733	0.769	0.684	0.590	0.727	0.613	0.711	0.741	0.614	0.605	0.454	1

由表 6-5 可知，火烧后 2 年的草地优势种对生态位重叠指数
为 0.483～0.944，重叠指数最大的种对为大针茅和干生苔草，
说明该种对在同一空间内生态需求互补性较强；其次为二裂委陵
菜、柴胡、二裂委陵菜和干生苔草，分别为 0.944、0.927 和
0.894；重叠指数最小的种对为猪毛蒿和火绒草，其值为 0.483，
说明该种对存在比较低的对资源利用的相似程度。

表 6-5 火烧后 2 年的草地优势种群各种对的生态位重叠指数

物种编号	3	13	15	21	29	30	31	34
3	1							
13	0.696	1						
15	0.635	0.483	1					
21	0.865	0.851	0.724	1				
29	0.818	0.807	0.769	0.927	1			
30	0.545	0.715	0.604	0.798	0.781	1		
31	0.944	0.676	0.663	0.894	0.867	0.621	1	
34	0.541	0.596	0.587	0.712	0.678	0.777	0.681	1

由表 6-6 可知，火烧后 5 年的草地优势种对生态位重叠指数
为 0.287～0.917，重叠指数最大的种对为甘青针茅和甘菊；其
次为大针茅、二裂委陵菜、青海苜蓿和长柱沙参，分别为
0.917、0.904 和 0.900；重叠指数最小的种对为飞廉和蓬子菜，
其值为 0.287，说明在火烧干扰后在长期的自然恢复过程中存在
着种间对资源分化的作用。

可见，火烧草地在自然恢复过程中各种对间的生态位重叠水
平整体都较高，大部分种群间的生态位重叠指数都为 0.4～1。
由表 6-7 可以看出，优势种的生态位重叠平均值在火烧后 1 年达
到最高，又在火烧后 5 年明显降低。表明物种生态位分化，群落
中物种间对资源的竞争降低。可见在火烧后短期内，优势种资源

表6-6 火烧后5年草地优势种群各种对的生态位重叠指数

物种编号	1	2	3	10	12	15	17	18	19	21	24	26	27	28	31	32	34
1	1																
2	0.641	1															
3	0.499	0.693	1														
10	0.715	0.917	0.613	1													
12	0.679	0.776	0.501	0.784	1												
15	0.502	0.696	0.454	0.609	0.627	1											
17	0.647	0.670	0.604	0.579	0.553	0.505	1										
18	0.465	0.734	0.516	0.616	0.868	0.608	0.387	1									
19	0.609	0.775	0.411	0.579	0.581	0.656	0.488	0.654	1								
21	0.904	0.570	0.554	0.645	0.629	0.541	0.571	0.498	0.604	1							
24	0.635	0.852	0.821	0.761	0.729	0.845	0.705	0.693	0.702	0.713	1						
26	0.735	0.824	0.715	0.871	0.777	0.705	0.550	0.692	0.585	0.789	0.852	1					
27	0.563	0.736	0.452	0.665	0.583	0.792	0.753	0.556	0.565	0.547	0.737	0.739	1				
28	0.545	0.898	0.645	0.820	0.816	0.796	0.512	0.867	0.734	0.613	0.876	0.900	0.768	1			
31	0.825	0.782	0.421	0.655	0.536	0.617	0.741	0.506	0.859	0.778	0.780	0.672	0.658	0.649	1		
32	0.884	0.475	0.421	0.603	0.598	0.342	0.646	0.287	0.433	0.890	0.551	0.674	0.455	0.422	0.652	1	
34	0.653	0.642	0.555	0.564	0.504	0.472	0.847	0.329	0.439	0.497	0.602	0.635	0.765	0.513	0.679	0.617	1

利用的共同性增加，随着恢复年限的延长，优势种资源利用的共同性降低。

表 6-7　不同火烧恢复年限草地优势种群间的生态位重叠指数平均值

样地	未火烧	火烧后 1 年	火烧后 2 年	火烧后 5 年
优势种平均值	0.73	0.79	0.78	0.69

（三）　不同火烧恢复年限草地物种多样性变化

如图 6-1 所示，与未火烧的草地相比，火烧后 1 年草地的物种多样性和物种丰富度的降低最为显著，其 Shannon-Weiner 指数降低了 10.5%。说明火烧使得地表长时间的裸露从而使土壤

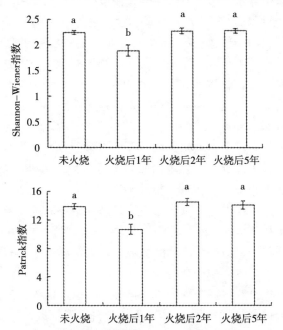

图 6-1　不同火烧恢复年限草地物种多样性指数和物种丰富度指数
注：图中不同小写字母表示处理间差异显著（$P < 0.05$）。

水分损失较多，这对物种多样性产生了较为不利的影响，因此火烧对物种多样性存在一定的抑制作用。火烧后 2 年和火烧后 5 年草地物种多样性和物种丰富度均显著高于火烧后 1 年草地，且恢复到与未火烧草地水平。可见短期火烧显著降低了草地物种多样性，随着火烧恢复年限的延长，物种多样性也得到了恢复。

三、讨论

生态位宽度作为衡量植物种群对环境适应能力的尺度，不仅与植物的生态学和进化生物学特征相关联，而且还与物种之间的相互作用及相互适应情况密切相关（张晶晶和许冬梅，2013）。种群生态位除了受植物自身特性牵制以外，还受到来自外界环境（海拔、土壤和水分等）及一些人为干扰因素的影响（李斌等，2010）。随着不同火烧恢复年限的增加，各种群的生态位宽度及相互间的竞争关系也存在一定差异。笔者的研究结果显示，二裂委陵菜和干生苔草的生态位宽度在未火烧草地和火烧草地均较高。说明二裂委陵菜和干生苔草是该地区的泛化种，具有较强的对典型草原群落资源的综合利用能力，对复杂的环境变化具有一定的适应能力，纵然是在火烧后环境资源十分有限的情况下，也可以占有较多的资源，表现出较强的竞争力。另外，裂叶堇菜、硬质早熟禾和蓬子菜在未火烧地均未出现，而在火烧后 1 年、2 年和 5 年的草地中生态位指数整体较高且始终保持优势地位。说明其对生存环境存在额外的需求条件，是一种只出现在少数资源位上的种群，只适应火烧后的环境，在火烧后草地中的竞争能力也较强并占有较多的资源。

在群落自然演替进程中可依据种群生态位指数和其动态变更来判断泛化种与特化种，同时确定它们在演替进程中的相互转化。泛化种与特化种的区分并不是一成不变的，某种程度来说两者是可以随着环境的改变而产生一定的变化（Li 等，2008）。火烧后1年的草地，大针茅、赖草和干生苔草的优势地位有所下降，甘青针茅的耐火烧能力强，其生态位并未受到影响反而拓宽；火烧后2年的草地，大针茅和赖草的生态位指数明显下降，更倾向于特化种，甘青针茅和野韭的生态位指数大幅度变宽、优势地位明显上升，更倾向于泛化种；火烧后5年的草地，甘青针茅生态位指数由未火烧草地中的末位上升至第二位，由特化种转换为泛化种，野韭的生态位宽度也明显变宽但其优势地位有所降低，生态位宽度变窄的物种主要是阿尔泰狗娃花和百里香，尤其是植株呈丛状分布并且在数量上并不占优势的百里香，生态位宽度仅为0.373，特化程度增高。

　　生态位重叠是衡量两个物种对于同一资源种类和资源方式的相似程度与竞争关系（Silvertown，1983）。若两个种群共同占据或利用相同的资源（如食物、营养成分和空间等），则将发生生态位重叠现象（张继义等，2003）。生态位重叠导致中间竞争加剧，导致物种灭亡或生态位分离，生态位重叠指数越高则表明种对之间的竞争越为激烈。史作民等（1999）研究指出，生态位宽度大的种群会伴随着较高的生态位重叠，生态位较小的种群会与其他种群之间产生较低的生态位重叠。在笔者的研究中，不同恢复年限的草地，多数生态位宽度较大的种群与其他种群之间均存在比较高的重叠值，如裂叶堇菜和青海苜蓿、多毛并头黄芩和二裂委陵菜等，说明这些相同生活型的物种共同利用的生态资源较多，竞争就越发激烈（陈子萱等，2011）。但也存在着一小部分生态位宽度指数较高的种群并没有呈现出较高的生态位重叠现象，如远志和干生苔草。可见，生态位宽度较大的物种未必会存在较高的生态位重叠，可能是因为火烧后不同恢复年限的竞争特点有差异或是火烧引起的资源高度有空间异质性（胡正华等，2009；陈子萱等，2011）。

　　物种多样性是衡量群落结构的重要尺度。在未火烧草地中，物种多样性指数和丰富度指数较高，种群间出现较多的生态位重叠，加剧了种间竞争。笔者的研究表明，火烧对物种多样性具有一定的抑制作用。在火烧后1年的草地中，物种多样性指数和丰富度指数显著下降，多数不耐火烧的植物其生长受到抑制或死亡，生态位宽度缩小，如扁穗冰草、香茅草、猪毛蒿、白莲蒿、多茎委陵菜和野韭等物种生态位宽度骤减为0。同时，火烧后1年草地群落各种对间生态位重叠指数的平均值达到最高，可能是火烧后短期内生存环境恶劣，群落内物种的地上、地下竞争加剧。随着草地的自然恢复，火烧后2年和5年的草地物种的多样性和丰富度明显上升并逐渐趋于未火烧时的稳定状态。说明火烧2年后草地资源环境得到恢复，一些不耐火烧的物种也得以重新出现。特别是火烧后5年草地生态位重叠的平均值还低于未火烧草地，可能是火烧后草地的立枯物和枯落物的减少为牧草生长提供了较多的光照、养分和空间，导致物种间的竞争明显下降。

四、结论

二裂委陵菜和干生苔草是云雾山典型草原的泛化种。在经过火烧自然恢复演替后，群落内各物种的生态位特征不断变化。火烧明显提高了甘青针茅的生态位宽度，同时明显降低了百里香和赖草的生态位宽度。在火烧干扰下，生态位重叠指数较高的物种并非是生态位宽度较大的种群。优势种的生态位重叠平均值在火烧后1年达到最高，又在火烧后5年明显降低。在火烧的后短期内，优势种资源利用的共同性增加，随着恢复年限的延长，优势种资源利用的共同性降低。草地火烧后，短期内物种多样性显著下降，随着恢复年限的延长，物种多样性也恢复到火烧前的水平。

第七章

不同火烧年限对典型草原繁殖更新的影响

繁殖更新是植物生活史中重要的一个过程，在群落动态变化和生物多样性维持方面发挥着重要的作用（Grubb，1977；Wu等，2011），繁殖过程涵盖了从种子或再生器官（根、块茎和基茎）到成年植株的整个再生过程（Wu等，2011）。草地植物通常有两种繁殖方式，即有性繁殖和无性繁殖。有性繁殖能够使物种更适应环境改变和维持基因多样性（Nathan和Muller-Landau，2000）。无性繁殖的优势在于传粉媒介在有限的情况下进行繁殖，使物种在有限的空间和资源环境利用下有明显优势。Eriksson（1992，1997）指出，与无克隆植物相比，克隆植物大大减少了有性繁殖。一些研究表明，有性繁殖与无性繁殖之间存在权衡关系（Prati和Schmid，2000），植物有性繁殖的投入多，无性繁殖的投入则少，反之亦然。有性生殖和无性生殖的选择，以及每种生殖模式的能量分配主要取决于环境（Ronsheim和Bever，2000；van Kleunen等，2001）。植物可以自动调整有性繁殖和无性繁殖之间的平衡，以适应有限资源。理论上讲，在环境条件有利且干扰水平较低时（Williams，1975），植物会投入更多生殖分配进行无性繁殖。相反，在当地条件不利和干扰程度高时，有性繁殖将占主导地位。因此，许多物种的种群动态变化可能在很大程度上取决于无性繁殖（Silvertown等，1993）。以往有关无性繁殖与有性繁殖的研究集中于单个物种，如忍冬（Coelho等，2008）和积雪草（Singh和Singh，2002）。有性繁殖和无性繁殖之间的关系可能对种群结构和群落动态变化产生重要影响。因此，多年生草地植物群落在经历低水平干扰后，无性繁殖在群落繁殖更新中的作用将大于有性生殖。

放牧、施肥和火烧等干扰因素可能会显著影响草地生态系统的繁殖更新。由干扰引起的生境异质性（如土壤水分、光照、养分和凋落物）可能导致物种内有性繁殖与无性繁殖的相对重要性产生变化（Weppler 和 Stoecklin，2005）。火烧是生态系统中的重要组成部分，虽然它的选择性比放牧低，但可以显著影响植物的繁殖更新。Pyke 等（2010）基于植物属性和生活史分类构建了一个简单、实用的框架，以预测植物对火烧的响应。该框架的一部分包括再生芽的位置和实生苗迅速定居的机制，这对确定火烧后群落中的代表性植物很重要。根据这一框架，预测多年生禾草比一年生禾草和灌木更能抵御火烧，因为它们的再生芽位于或低于土壤表面，这使得多年生植物的繁殖方式在草原火烧恢复中发挥重要作用。个体对火烧的反应可以转化为种群的变化，导致火烧后群落中物种组成也发生变化，研究火烧后的繁殖更新将有助于预测植被对火烧的响应。虽然已有大量文献研究了火烧对森林和灌木的有性生殖和无性生殖及火烧后繁殖更新的影响（Ordoñez 等，2004；Knox 和 Morrison，2005），然而有关火烧对草原特别是黄土高原半干旱草原繁殖更新的影响报道较少，这限制了预测群落动态变化的能力。

黄土高原半干旱草原以多年生禾草类为主，但由于过度放牧，现在逐渐被一些杂类草取代。为了研究火烧对多年生草地的影响，研究再生芽在土壤表面的位置就显得尤为重要。因此，了解繁殖更新火有助于提高草地群落的保护和管理水平。了解火烧后植物繁殖是如何发展的主要依据是植被特征和火烧状态。因此，笔者对比分析了火烧状态和植被特征与 Pyke 等（2010）提出的框架，用以预测多年生草地火烧后的繁殖更新，目的是评估黄土高原半干旱草原火烧后不同时间植物繁殖更新方式的变化，为火烧后的草地管理提供科学依据。

一、材料和方法

（一） 试验方法

本试验是在云雾山国家草原自然保护区的试验区中的本氏针茅群落中进行，该草地群落在火烧前已封育20多年。1999年和2008年不同草地分别由于人为原因着火，但并迅速被扑灭。虽然不确定火烧强度，但长期封育造成的大量枯落物很可能会增加火烧强度。大火过后，火烧草地仍然继续围封。2010年7月，选择火烧迹地为研究对象，同时选择相邻的未受到火烧影响的封育草地作为对照样地。自保护区建立以来，对照样地至少有25年未被火烧。在火烧之前，这3个试验地都属于本氏针茅群落，有着相同的管理历史；具有相同的地质条件，并且彼此相邻。为了评估火烧后植物繁殖的更新情况，在每个样地随机选择3个小区，每个小区随机设置5个50cm×50cm的样方，总共选取了45个样方（15个是1999年的火烧样地，15个是2008年的火烧样地，15个是未火烧样地）。

通过单位面积挖掘取样法（Wu等，2011）来研究植物繁殖方式、后代物种丰富度和后代数量，取样深度25cm。取样时将样方内地上部分茎枝连同地下部分（根茎和根蘖等）一起挖出，用清水轻轻冲洗干净装入塑料袋带回实验室（注意保持地上植株与地下器官的自然联系，以便鉴定与统计）。采用单位面积挖掘取样法，参照Welling和Laine（2002）的方法来确定有性繁殖和无性繁殖。无性繁殖是以分株或分蘖苗等营养枝的出现来确定，而有性繁殖则是以实生苗的出现来确定。在云雾山国家草原自然保护区的试验区，营养繁殖的器官主要有根茎、匍匐茎、分蘖节、根颈四类，其他的偶尔出现，根据新营养枝形成的特点可迅速确定牧草的无性繁殖。在每个样方内，记录所有植株个体（包括成年植株和幼苗）并统计个数，然后根据实生苗和萌蘖苗进行分类，记录所有无性繁殖的数量（本试验不调查后代年龄大小）。我们又根据营养繁殖的器官将无性繁殖进一步分为四类：①根蘖型：地下有横走的根，其上有不定芽，萌发生长形成地上枝条；②匍匐型：在地面上水平生长并在节上产生不定根和新的枝条；③根茎型：从地下分蘖节长出与主枝垂直的横走根茎；④分蘖型：从位于土壤表面或接近地面的分蘖节处长出的枝条。除了上述四类外，其他偶尔出现的可忽略不计。

2010 年 7 月 4—10 日，进行群落物种调查。此时地上生物量达到峰值，测定各样方的物种组成、盖度、枯落物厚度和枯落物生物量。

（二）　数据分析

采用单因素方差分析（One-Way ANOVA）比较了不同火烧年限对植物群落的盖度、枯落物厚度、枯落物生物量、后代繁殖更新物种丰富度、后代繁殖密度的影响，$P<0.05$ 表示差异显著，以上所有分析均使用 SPSS16.0 软件进行。

二、结果与分析

（一）　火烧后植物群落的变化

方差分析结果表明 3 个处理间的群落盖度（$F_{2,42}=19.8$，$P<0.001$）、枯落物厚度（$F_{2,42}=126.5$，$P<0.001$）和枯落物生物量（$F_{2,42}=4.8$，$P<0.05$）存在显著差异。植被盖度在 2008 年火烧样地最高，其次为 1999 年火烧样地，最小的为未火烧样地（表 7-1）。火烧导致枯落物厚度和枯落物生物量显著降低。2008 年火烧样地枯落物生物量最低。1999 年火烧样地和未火烧草地的枯落物差异不显著，表明不放牧的多年生草地自上次火烧以来能够迅速积累大量的枯落物（表 7-1）。

表 7-1　不同火烧年限草地群落特征

样地	优势种	盖度（%）	枯落物盖度（cm）	枯落物生物量（g/m²）
2008 年火烧样地	本氏针茅 *Stipa bungeana*、大针茅 *Stipa grandis*、甘青针茅 *Stipa krylovii*、苔草 *Carex rigescens*、铁杆蒿 *Artemisia sacrorum*、赖草 *Leymus secalinus*	84.39±1.52[a]	0.64±0.86[b]	81.08±12.87[b]
1999 年火烧样地	本氏针茅 *Stipa bungeana*、苔草 *Carex rigescens*、蓬子菜 *Galium verum*	75.30±1.37[b]	11.22±0.76[a]	143.33±16.73[a]
未火烧地	本氏针茅 *Stipa bungeana*、花苜蓿 *Medicago ruthenica*、铁杆蒿 *Artemisia sacrorum*	66.92±2.63[c]	12.10±0.49[a]	127.27±12.82[a]

注：同列上标不同小写字母表示处理间差异显著（$P<0.05$）。表 7-3 注释与此同。

（二）　火烧对后代繁殖更新物种多样性的影响

火烧对该地区后代繁殖更新物种多样性的影响不显著（$F_{2,42}=1.2$，$P>0.05$）。2008 年火烧样地后代繁殖更新物种丰富度为 13，1999 年火烧样地为 6，未火烧样地为 9。在所有地点多年生植物种类占主导地位，但多年生植物的物种多样性仍然相对较低（表 7-2）。

表 7-2　不同火烧年限草地物种的繁殖密度变化（株数/m²）

物种	科	生活型	繁殖模式	2008 年火烧样地			1999 年火烧样地			未火烧地		
				SR	ASR	Ratio	SR	ASR	Ratio	SR	ASR	Ratio
扁穗冰草 Agropyron cristatum	禾本科	P	种子/根茎		68			44			32	
野韭 Allium ramosum	百合科	P	种子/鳞茎	8			4					
茭蒿 Artemisia giraldii	菊科	P	种子/根蘖	8	132	16.5	4			8	28	3.3
铁杆蒿 Artemisia sacrorum	菊科	P	种子/根蘖		36			4			8	
猪毛蒿 Artemisia scoparia	菊科	P	种子/根蘖	12							8	
柴胡 Bupleurum chinense	伞形科	P	种子	4								
苔草 Carex rigescens	莎草科	P	种子/根茎		544			220			256	
香茅 Cymbopogon citratus	禾本科	P	种子/分蘖		52			264				
翠雀 Delphinium grandiflorum	毛茛科	P	种子	4						4		
野胡麻 Dodartia orientalis	玄参科	A	种子				8			4		
密花香薷 Elsholtzia densa	唇形科	A	种子				4					
蓬子菜 Galium verum	茜草科	P	种子	12	176	15.2		4			104	
香薷 Herba moslae	唇形科	A	种子	8				8				
阿尔泰狗娃花 Heteropappus altaicus	菊科	P	种子							8		
中华苦荬菜 Ixeris chinensis	菊科	P	种子	4								
兴安胡枝子 Lespedeza davurica	豆科	P	种子/根蘖		32							

（续）

物种	科	生活型	繁殖模式	2008年火烧样地			1999年火烧样地			未火烧地		
				SR	ASR	Ratio	SR	ASR	Ratio	SR	ASR	Ratio
赖草 Leymus secalinus	禾本科	P	种子/根茎		124			92			40	
花苜蓿 Medicago ruthenica	豆科	P	种子/根蘖		16			8		4	12	3.3
硬质早熟禾 Poa sphondylodes	禾本科	P	种子/分蘖		200			132			52	
散穗早熟禾 Poa subfastigiata	禾本科	P	种子/根茎		388			144				
星毛委陵菜 Potentilla acaulis	蔷薇科	P	种子/匍匐					4				
二裂委陵菜 Potentilla bifurca	蔷薇科	P	种子/根蘖	4	32	3.8		32		4	12	3.3
远志 Polygala tenuifolia	远志科	P	种子				3			4		
黄芩 Scutellaria baicalensis	唇形科	P	种子/根蘖							4	8	2
本氏针茅 Stipa bungeana	禾本科	P	种子/分蘖	4	1 560	195.2		1 076			612	
大针茅 Stipa grandis	禾本科	P	种子/分蘖	4	1 464	183.2		188			372	
甘青针茅 Stipa krylovii	禾本科	P	种子/分蘖		436			16		8	80	
碱蓬 Suaeda heteroptera	藜科	A	种子	12								
百里香 Thymus mongolicus	唇形科	P	种子/匍匐					24			12	
紫花地丁 Viola philippica	堇菜科	P	种子	4			4					

注: P, 多年生; A, 一年生; SR, 有性繁殖; ASR, 无性繁殖; Ratio, 无性繁殖与有性繁殖的比值.

（三）　火烧后植物有性繁殖和无性繁殖对群落恢复的影响

共检测到 26 种多年生植物，其中 19 种是无性繁殖，11 种多年生植物的幼苗未检测到，7 种多年生植物未出现无性繁殖（表 7-2）。对于在野外检测到同时具有无性繁殖和有性繁殖后代的克隆植物，火烧显著影响了其繁殖方式的相对重要性。大针茅、本氏针茅、蓬子菜和茨蒿等植物的无性繁殖与有性繁殖的比例在 2008 年火烧样地高于未火烧地。对于没有检测到实生苗的克隆植物，火烧则改变了其后代无性繁殖的数量，在火烧 2 年后无性繁殖的数量急剧增加（表 7-2）。

火烧对繁殖更新总密度和无性繁殖密度的影响显著（$F_{2,42}$＝7.8，$P<0.01$）。2008 年和 1999 年火烧样地的繁殖更新总密度和无性繁殖密度均显著高于长期未火烧样地。与长期未火烧样相比，2008 年和 1999 年火烧样地的有性繁殖数量增加，但是无统计学差异。1999 年火烧样地的无性繁殖密度与有性繁殖密度的比例高于 2008 年火烧样地，但差异不显著（表 7-3）。

表 7-3　不同火烧年限对繁殖更新密度的影响

样地	繁殖总密度（株数/m²）	有性繁殖密度（株数/m²）	无性繁殖密度（株数/m²）	比率（%）
2008 年火烧样地	2 156±226[a]	24±9[a]	2 132±222[a]	181.6±58.2[a]
1999 年火烧样地	1 741±99[a]	11±4[a]	1 731±101[a]	241.6±76.5[a]
未火烧地	1 235±142[b]	9±5[a]	1 225±139[b]	222.4±50.3[a]

该区植物主要是通过分蘖、根蘖、根茎、匍匐茎和鳞茎进行繁殖。对于优势种禾本科植物，如本氏针茅、大针茅和克氏针茅，无性繁殖的后代主要来自于分蘖。对于一些杂类草，如苔草和早熟禾，无性繁殖的后代主要来自于根茎（表 7-2）。结果表明，分蘖型密度在 3 个样地间的差异显著（$F_{2,42}$＝5.0，$P<$ 0.05）。分蘖型密度在 2008 年火烧样地最高［（1 831±268）株

数/m²]，其次为未火烧样地 [（1 023±136）株数/m²]，1999年火烧样地最小 [（1 477±87）株数/m²]。然而，根蘖型、根茎型和匍匐型密度在这 3 个样地间差异不显著。

三、讨论

该研究区在火烧前有很长的封育历史，围栏封育对黄土高原恢复退化草地和防止水土流失具有重要作用。然而，长期封育会使群落堆积大量的枯落物，物种多样性降低，由少数具有竞争能力较强的物种所主导（Wu 等，2009；Cheng 等，2011）。同时，厚枯落物层会拦截光照，遮盖种子，降低土壤中的温度，并抑制幼苗生长（Facelli 和 Pickett，1991；Edwards 和 Crawley，1999）。火烧直接影响植被盖度、枯落物厚度和生物量。研究区的多年生禾草群落在火烧后形成高盖度、低枯落物厚度和生物量的群落。在火烧后的 2 年里，植物盖度已经相对较高，表明植被通过土壤种子库和无性繁殖方式快速再生。

火烧后，多年生草地有性繁殖和无性繁殖的密度均有增加，但有性繁殖的密度增加不显著。Arevalo 等（2009）研究指出，火烧后无性繁殖的更新能力明显增强，但火烧对有性繁殖更新能力的影响不显著。同时，Morgan（1999）发现，所有多年生植物在火烧后都能通过营养方式迅速再生，大多数植物都没有或很少有实生苗。在笔者的研究中，11 种多年生植物的实生苗在任何一个样地中都没有被检测到，如硬质早熟禾、散穗早熟禾、星毛委陵菜、克氏针茅、百里香、胡枝子、赖草、冰草和白颖苔草等物种不具备有性繁殖能力。

在火烧地或未火烧地，有性繁殖对后代繁殖的贡献均很小。Gugerli（1998）提出，有性繁殖在高山植物种群更新中所起的作用很小。然而，也有研究表明有性繁殖的增加在很大程度上是由火烧引起的，而且对火烧后短时间内的群落更新起重要作用，因为火烧可以激活休眠种子，同时为幼苗生存提供了适宜的生境（Keeley 和 Fotheringham，2000）。通常有限的资源可能导致生活史特征之间的权衡（Roff，1992；Stearns，1992）。繁殖是植物的一个重要特征，有性繁殖和无性繁殖之间的权衡在不同种群和物种间的差异很大。有性繁殖和无性繁殖之间的关系会受到基因遗传（Hartnett，1990；Reekie，1991；Ronsheim 和 Bever，2000）、环境（Sultan，2000；Fischer 和 van Kleunen，2001）、可利用资源（Sutherland 和 Vickery，1988；Piquot 等，1998）和演替阶段（Cain 和 Damman，1997）等因素的影响。在笔者的研究中，较低的有性繁殖似乎不是火烧的结果，因为无论是火烧或未火烧，有性繁殖在这 3 个样地中都很罕见。有性繁殖比无性繁殖的贡献较低可能是由物种组成和封育措施引起的。首先，克隆植物的繁殖包括到有性和无性两种方式，这两种繁殖方式在群落中的相对重要性取决于物种组成。该地区的半干旱草原以多年生丛生禾草为主。多年生植物主要依靠营养器官繁殖，克隆植物很少进行有性繁殖（Eriksson，1992）。此外，Silvertown（2008）提出，克隆植物的营养繁殖后代往往比种子繁殖更好，因为营养繁殖后代是微型母本植物，具有自己的根系。因此，在高禾草占优势的草地上，无性繁殖可能比有性繁殖更具竞争优势。优势种本氏针茅通过种子和分蘖进行繁殖更新，尽管在野外能产生大量种子，但很少观察到实生苗。其他研究也证明了本氏针茅种子只能存活 1 年以下，种子大多存活于枯枝落叶层和表层土壤中，且在实验室条件下难以发芽（Liu，2009），但是营养繁殖的增加补偿了本氏针茅种子较低的发芽率。另外，长期封育进一步解释了为什么无性繁殖比有性繁殖更重要。克隆植物在干扰水平较低时投入更多生殖分配进行无性生殖（Gilmour，2002）。Wu 等（2010）发现，在禁牧草地上有性繁殖密度比无性繁殖密度低，说明放牧有利于有性繁殖。Li 等（2011）提出，放牧显著增加了有性繁殖，显著减少了无性繁殖。因此，封育可以提高植物无性繁殖的能力。在笔者的研究中，长期封育显著增加了枯落物的积累，降低了光对地面的穿透能力，使幼苗出苗和存活均困难。因此，尽管在这些长期封育的多年生草地上发生了火烧事件，但这并没有改变无性繁殖的重要性。

此外，以多年生丛生禾草为主的草地无性繁殖在火烧后明显增加。Pyke 等（2010）指出，多年生草本植物（隐芽植物和半隐芽植物）对火烧的响应程度依赖于萌发芽在土壤表面的位置。在笔者的研究中观察到的再生器官包括分蘖、根蘖、根茎、鳞茎或匍匐茎，这些器官位于土壤表面或土壤下面。隐芽植物（根蘖、根茎和鳞茎）的芽受到土壤的保护，而半隐芽植物（分蘖和匍匐茎）的叶或植物结构能保护正在萌发的芽，使其更有可能在火烧后存活。火烧后的环境可能会进一步解释为什么在这一地区无性繁殖会显著增加。火烧引起环境的诸多变化，如植被和枯落物的清除，从而为植被的繁殖扩展提供了空间。此外，火烧后土壤可利用养分的增加会增强物种的繁殖能力。因此，本研究区的火烧管理可能有助于增加无性繁殖，这充分解释了为什么半干旱草原在火烧后仍然以多年生植物为主的原因。

四、结论

火烧显著提高了无性繁殖密度，但对有性繁殖密度的影响不显著。在火烧后的两个时间段内，无性繁殖和有性繁殖的比率总体上没有显著差异，但这一比率在某些物种中存在很大差异，主要是因为这些物种没有通过有性繁殖来更新后代。在火烧后的植被恢复过程中，无性繁殖比有性繁殖更为重要。在半干旱草原中，有性繁殖明显缺乏，这不能归因于火烧，更可能是由物种组成和封育措施引起的。总之，火烧后的无性繁殖可以弥补种子繁殖的限制。

第八章

封育对典型草原杂类草功能群和繁殖更新的影响

封育是一种阻止草地退化的有效管理方法，通常认为封育是"自我管理"（Wu 等，2010）。尽管研究者已经广泛开展了封育或放牧对草地群落物种组成、植被结构、种群动态、物种多样性和土壤特性（Wu 等，2010，2019；Derner 等，2018；Sigcha 等，2018；Sagar 等，2019；Zhao 等，2019）的影响，但研究结果不尽一致。例如，在草地生态系统内部或系统与系统之间（Worm 等，2002），放牧对草地初级生产力和生物多样性的影响从正面（Bakker 等，2006）到负面（Jing 等，2014）均有报道。已有研究表明，草地生产力决定物种多样性对放牧的响应（Bakker 等，2006）。但也有研究指出，群落优势种或物种组成的变化决定放牧对群落结构和物种多样性的影响（Augustine 和 McNaughton，1998；Koerner 等，2018）。因此推测，如果放牧改变了草地群落的优势功能群，物种多样性将会增加或降低。另外，放牧或封育对草地繁殖更新的研究也较少报道。繁殖更新对演替方向和群落物种多样性的维持均有重要影响（Wu 等，2011）。因此假设，放牧或封育条件下群落变化的内在机制可能与繁殖更新有关。根据"中度干扰假说"（Connell，1978），在没有干扰的情况下，竞争排斥会降低物种多样性；而在适度放牧条件下，物种丰富度会增加。因此预测，在适度放牧草地上，群落的物种多样性高于封育草地。

放牧或封育影响繁殖更新，也对有着不同繁殖方式的植物功能群的繁殖更新产生影响（Latzel 等，2011）。克隆植物通过有性和无性两种方式进行繁殖，并且不同的克隆植物这两种繁殖方式的相对贡献不同（Mandujano 等，1998）。已有许多研究报道了有性繁殖与无性繁殖的生态学意义（Harada 等，1997；Latzel 等，2011）。以前关于草原繁殖更新的研究局限性是在多年生草地上，植物无性繁殖对草地封育响应的研究报道较少。无性繁殖在多年生草地种群更新和群落动态中起着重要作用（Benson 和 Hartnett，2006）。此外，家畜的采食选择行为、牧草形态和适口性的不同，我们推测不同无性繁殖方式可能对放牧或封育的响应不同，对群落更新的贡献不同。

　　无性繁殖对放牧或封育的响应也可能取决于植被的响应，因为优势功能群可能在调控草原繁殖更新中起重要作用。物种组成和优势种是决定生态系统性质和功能的关键（Mclaren，2006；Hooper 和 Dukes，2010）。根据生态功能和分类（Aerts，2000；Lavorel 和 Garnier，2002），以及放牧利用价值，草原上的植物经常被分成不同的功能群，并且不同植物功能群对放牧的响应差异很大（Bermejo 等，2012；Yiakoulaki 等，2019）。不同植物功能群对群落结构（Elumeeva 等，2017）、土壤含水量（Fischer 等，2019）、草地退化（Luo 等，2018）和草地入侵（Longo 等，2013）的影响不同。同样，不同的植物功能群在群落演替和生态系统功能方面可能有不同的作用（Li 等，2017）。越来越多的研究表明，在不断变化的环境中，植物功能群的变化会影响植物群落演替（McLaren，2006）、物种多样性（Zhang 等，2018）和地下生物量（Wu 等，2011）。尽管如此，对于放牧或封育时间是否改变了典型草原的优势功能群，以及这种影响如何作用于草原繁殖更新较少报道。根据"竞争排斥"假说（Grime，1979），一些竞争力较强的像禾草类优势种会增加，而在排除大型草食动物后，竞争力较弱的种群则减少。因此，我们假设竞争力强者（禾草类功能群）的地上生物量、盖度、株高和后代更新密度会增加，而竞争力弱者（杂类草功能群）在禁牧后则会减少。理解植物功能群的繁殖更新对于揭示植被演替机制和预测群落动态具有重要意义。因此，研究繁殖方式的改变对植被更新的影响十分重要，因为杂类草通常比禾草类和莎草类投入更多的资源给有性繁殖。此外，放牧后一些偶见种为了保证种群的快速增长，可能会优先通过无性繁殖的方式克隆生长（Munson 和 Lauenroth，2009）。因此推测，在半干旱草原上，草原繁殖更新可能受到物种组成或植物功能群变化的影响。

在半干旱草原上，草地管理措施对草原繁殖更新的影响尚不明确。笔者在黄土高原典型草原上进行了不同封育年限的野外调查，具体目标是：①确定封育对草原群落地上生物量、密度、盖度和株高及物种多样性的影响是否因植物功能群而异；②评估封育对草原繁殖更新密度和多样性的影响。目的是希望对典型草原退化草地的恢复提供科学依据。

一、材料与方法

（一） 试验方法

保护区面积约为 6 720hm²，从 1982 年开始围栏封育，用以排除大型食草动物（主要是羊）。研究区在 1980—2017 年，气温从 5.3℃上升到 8.6℃，但降水量没有明显的变化趋势（图 8-1）。该地区是典型的半干旱草原（Zhao 等，2013）。

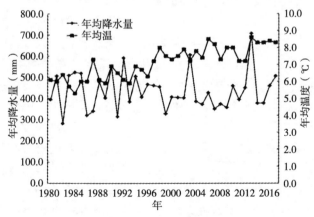

图 8-1 1980—2017 年气温及降水量的变化

1982 年以前，过度放牧引起了不同程度的草地退化和水土流失。为了保护自然草原，恢复退化的草原，对草原实行封育，但有些草原仍在放牧。笔者研究中使用的草地是在 2006 年、1996 年和 1986 年封育，在取样时的封育年限为 10 年、20 年和 30 年。另外，笔者采用连续放牧草地作为对照，放牧草地（GG）的载畜量为适度放牧（2～3.5 头/hm²）。

封育 20 年和封育 30 年的草地群落以多年生丛生本氏针茅和大针茅为主，伴生种有禾本科羊草和一些多年生杂类草。多年生丛生禾草本氏针茅、大针茅和杂类草阿尔泰狗娃花在封育 10 年草地的占优势，疏丛禾草冰草、苔草和杂类草裂叶堇菜都是伴生种。放牧地以杂类草火绒草、铁杆蒿、阿尔泰狗娃花、丛生禾草本氏针茅和疏丛苔草为优势种。笔者研究中出现的物种、科、生活型和繁殖方式见表 8-1。

表 8-1　植物繁殖方式

物种	科	生活型	繁殖方式
扁穗冰草 Agropyron cristatum	禾本科	多年生草本	种子/根茎/分蘖
长柱沙参 Adenophora stenanthina	橘梗科	多年生草本	种子/分枝
野韭 Allium ramosum	百合科	多年生草本	种子/球茎
直立点地梅 Androsace erecta	报春花科	一年生草本	种子
大苞点地梅 Androsace maxima	报春花科	一年生草本	种子
狭裂白蒿 Artemisia kanashiroi	菊科	多年生草本	种子/根蘖/分枝
白莲蒿 Artemisia sacrorum	菊科	多年生草本	种子/根蘖/分枝
猪毛蒿 Artemisia scoparia	菊科	多年生草本	种子/根蘖/分枝
小果黄耆 Astragalus tataricus	豆科	多年生草本	种子/分枝
干生苔草 Carex aridula	莎草科	多年生草本	种子/分蘖/根茎
糙隐子草 Cleistogenes squarrosa	禾本科	多年生草本	种子/分蘖
甘菊 Carduus acan thoides	菊科	多年生草本	种子
披碱草 Elymus dahuricus	禾本科	多年生草本	种子/分蘖/根茎
蓬子菜 Galium verum	茜草科	多年生草本	种子

（续）

物种	科	生活型	繁殖方式
茜草 *Rubia cordifolia*	茜草科	多年生草本	种子
秦艽 *Gentiana dahurica*	龙胆科	多年生草本	种子
阿尔泰狗娃花 *Heteropappus altaicus*	菊科	多年生草本	种子/分枝
茅香 *Anthoxanthum nitens*	禾本科	多年生草本	种子/分蘖
中华苦荬菜 *Ixeris chinensis*	菊科	多年生草本	种子
火绒草 *Leontopodium leontopodio*	菊科	多年生草本	种子/分枝
青海苜蓿 *Medicago archiducis-nicol*	豆科	多年生草本	种子/根蘖/分枝
黄毛棘豆 *Oxytropis ochranthd*	豆科	多年生草本	种子
岩败酱 *Patrinia rupestris*	败酱科	多年生草本	种子
硬质早熟禾 *Poa sphondylodes*	禾本科	多年生草本	种子/分蘖
散穗早熟禾 *Poa subfastigiata*	禾本科	多年生草本	种子/分蘖/根茎
星毛委陵菜 *Potentilla acaulis*	蔷薇科	多年生草本	种子/匍匐茎
二裂委陵菜 *Potentilla bifurca*	蔷薇科	多年生草本	种子/根蘖
西山委陵菜 *Potentilla sischanensis*	蔷薇科	多年生草本	种子
翼茎风毛菊 *Saussurea alata*	菊科	多年生草本	种子/分枝
多毛并头黄芩 *Scutellaria scordifolia*	唇形科	多年生草本	种子/根蘖
瑞香狼毒 *Stellera chamaejasme*	狼毒科	多年生草本	种子
本氏针茅 *Stipa bungeana*	禾本科	多年生草本	种子/分蘖
大针茅 *Stipa grandis*	禾本科	多年生草本	种子/分蘖
甘青针茅 *Stipa przewalskyi*	禾本科	多年生草本	种子/分蘖
獐牙菜 *Swertia bimaculata*	龙胆科	一年生草本	种子
瓣蕊唐松草 *Thalictrum petaloideum*	毛茛科	多年生草本	种子
百里香 *Thymus mongolicus*	唇形科	多年生草本	种子/匍匐茎/分枝
裂叶堇菜 *Viola dissecta*	堇菜科	多年生草本	种子
紫花地丁 *Viola philippica*	堇菜科	多年生草本	种子

植被群落调查于 2017 年 8 月进行，这时植物生物量达到峰

值。在每个样地，随机设置 5 个 30m×30m 的小区，小区之间
最小间距 5m。在每个小区，随机设置 6 个 50cm×50cm 的样方
来研究物种多样性和植物群落的数量特征，包括盖度、高度、地
上生物量、密度，以及繁殖方式、后代物种丰富度和后代数量特
征。在每个小区内，样方之间最小间距 3.5m，距离边缘约 5m
以排除边缘效应。总共设置 120 个样方。根据植物的种类，将其
分为禾草和杂类草两大功能群。禾草功能类群包括禾本科及类似
禾本科植物的莎草科，而杂类草功能类群包括除禾本科和莎草科
以外的所有其他物种。在每个样方中，记录植物株高、盖度和数
量。物种丰富度（R，0.25m^2）定义为每样方的物种总数，计
算 Simpson 指数、Shannon-Wiener 指数和 Pielou 指数等物种多
样性指数（Wu 等，2009）。

　　测定植物的盖度、多度和株高后，通过单位面积挖掘取样法
来研究植物繁殖方式、后代物种丰富度和后代数量（Wu 等，
2011）。取样深度 25cm。取样时将样方内地上部分茎枝连同地下
部分（根茎和根蘖等）一起挖出，用清水轻轻冲洗干净装入塑料
袋带回实验室。注意保持地上植株与地下器官的自然联系，以便
鉴定与统计。参照 Welling 和 Laine（2002）的方法来确定有性
繁殖和无性繁殖。有性繁殖是以实生幼苗的出现来确定，无性繁
殖是以分株或分蘖苗等营养枝的出现来确定。在云雾山国家草原
自然保护区的试验区，营养繁殖的器官主要有根茎、匍匐茎、分
蘖节、根颈四类，其他的偶尔出现。根据新营养枝形成的特点可
迅速确定牧草的无性繁殖。在每个样方内，记录所有植株个体
（包括成年植株和幼苗）并统计个数，然后根据实生苗和萌蘖苗
进行分类，记录所有无性繁殖的数量。本试验不调查后代年龄大
小。笔者又根据营养繁殖的器官将无性繁殖进一步分为五类：
①根蘖型：地下有横走的根，其上有不定芽，萌发生长形成地上
枝条；②匍匐型：在地面上水平生长并在节上产生不定根和新的
枝条；③根茎型：从地下分蘖节长出与主枝垂直的横走根茎；

④分蘖型：从位于土壤表面或接近地面的分蘖节处长出的枝条；
⑤分枝型：具有较粗、入土较深的主根，有膨大的根颈，从此处长出分枝。然后将根系切断，收集所有地上绿色植物的生物量，按物种进行分类，并记录每个物种在 80℃ 干燥 48h 至恒重的重量。除了以上分类外，其他偶尔出现的可忽略不计。

（二） 数据分析

用双因素方差分析检验随机因子（采样小区）和固定因子（封育年限）及其它们的相互作用对以下参数的影响：①群落总盖度、总密度、高度、总地上生物量、物种多样性，以及禾草功能群和杂类草功能群的盖度、密度、高度、地上生物量、物种多样性；②后代物种丰富度、有性繁殖密度、无性繁殖密度、禾草功能群的无性繁殖密度、杂类草功能群的无性繁殖密度，以及 5 种繁殖方式的密度。利用主成分分析（principal component analysis，PCA）对群落参数、物种多样性和草地繁殖更新进行分析，以检验不同封育年限草地之间的差异，并找出潜在的影响因素。所有统计检验的显著性差异均在 $P \leqslant 0.05$ 水平进行评估。所有统计分析和数据均使用 R 版本 3.5.1 （R Development Core Team，2018）。

二、结果与分析

（一） 禾草类和杂类草的植被群落变化

封育年限对禾草类、杂类草，以及总的地上生物量、高度、盖度、密度均有显著影响，并且封育年限与采样小区的交互作用对总株高、禾草类株高、杂类草株高、总盖度、禾草类盖度也有显著影响（$P < 0.05$，表 8-2）。与放牧相比，封育措施提高了禾草类地上生物量、株高、盖度，但显著降低了其密度(图 8-2)。禾草类地上生物量、盖度和株高在封育 10 年草地分别提高了 198.8%、

表 8-2　双因素方差分析结果

项目	自由度	总地上生物量 F 值	P 值	禾草类地上生物量 F 值	P 值	杂类草地上生物量 F 值	P 值
方差来源							
年限	3	26.092	<0.001	29.572	<0.001	7.706	<0.001
小区	4	1.075	>0.05	1.213	>0.05	0.357	>0.05
年限×小区	12	1.634	>0.05	1.225	>0.05	0.804	>0.05

项目	自由度	总株高 F 值	P 值	禾草类株高 F 值	P 值	杂类草株高 F 值	P 值
方差来源							
年限	3	63.259	<0.001	51.414	<0.001	88.909	<0.001
小区	4	1.032	>0.05	0.944	>0.05	1.484	>0.05
年限×小区	12	2.911	<0.01	3.048	<0.01	2.298	<0.05

项目	自由度	总盖度 F 值	P 值	禾草类盖度 F 值	P 值	杂类草盖度 F 值	P 值
方差来源							
年限	3	9.793	<0.001	19.624	<0.001	9.577	<0.001
小区	4	0.972	>0.05	1.144	>0.05	0.472	>0.05
年限×小区	12	2.136	>0.05	0.953	>0.05	2.266	>0.05

项目	自由度	总密度 F 值	P 值	禾草类密度 F 值	P 值	杂类草密度 F 值	P 值
方差来源							
年限	3	15.962	<0.001	9.190	<0.001	13.012	<0.001
小区	4	0.976	>0.05	0.312	>0.05	2.191	>0.05

（续）

项目	自由度	F值	P值	F值	P值	F值	P值
年限×小区	12	1.431	>0.05	0.698	>0.05	2.294	<0.05
方差来源		总 Pielou		禾草类 Pielou		杂类草 Pielou	
年限	3	2.339	>0.05	2.286	>0.05	6.226	<0.01
小区	4	1.231	>0.05	1.939	>0.05	1.762	>0.05
年限×小区	12	1.311	>0.05	1.581	>0.05	1.461	>0.05
方差来源		总物种多样性		禾草类物种多样性		杂类草物种多样性	
年限	3	6.171	<0.001	2.098	>0.05	9.565	<0.001
小区	4	1.074	>0.05	1.556	>0.05	0.757	>0.05
年限×小区	12	0.844	>0.05	1.971	>0.05	0.661	>0.05
方差来源		总 Shannon Wiener		禾草类 Shannon Wiener		杂类草 Shannon Wiener	
年限	3	2.113	>0.05	2.629	>0.05	8.058	<0.001
小区	4	0.604	>0.05	2.155	>0.05	1.904	>0.05
年限×小区	12	1.330	>0.05	2.105	>0.05	1.522	>0.05
方差来源		总 Simpson		禾草类 Simpson		杂类草 Simpson	
年限	3	2.264	>0.05	2.242	>0.05	4.649	<0.01

（续）

项目	自由度	F值	P值	F值	P值	F值	P值
小区	4	0.778	>0.05	0.505	>0.05	0.345	>0.05
年限×小区	12	2.059	>0.05	1.092	>0.05	0.898	>0.05
方差来源		繁殖更新密度		有性繁殖密度		无性繁殖密度	
年限	3	10.105	<0.001	2.221	>0.05	10.388	<0.001
小区	4	0.540	>0.05	0.370	>0.05	0.487	>0.05
年限×小区	12	0.792	>0.05	0.657	>0.05	0.904	>0.05
方差来源		分蘖型密度		根茎型密度		根蘖型密度	
年限	3	7.828	<0.001	1.974	>0.05	3.752	<0.05
小区	4	0.180	>0.05	0.836	>0.05	0.224	>0.05
年限×小区	12	0.990	>0.05	0.499	>0.05	0.732	>0.05
方差来源		匍匐型密度		分枝型密度		后代物种多样性	
年限	3	1.357	>0.05	3.764	<0.05	2.258	<0.05
小区	4	0.976	>0.05	0.562	>0.05	0.459	>0.05
年限×小区	12	1.507	>0.05	0.777	>0.05	0.907	>0.05

84.8%和95.6%，在封育20年草地分别提高了241.8%、111.7%和260.5%，在封育30年草地分别提高了480.7%、148.5%和241.8%。禾草类密度在封育10年草地降低了10.2%，在封育20年草地降低了59.7%，在封育30年草地降低了44.8%。总地上生物量、总株高、总盖度、禾草类株高、地上生物量、杂类草株高、杂类草盖度均在封育20年草地中最高（图8-2）。放牧地以杂类草为主，占到60.27%；而封育10年、20年和30年草地以禾草类为主，分别占到74.79%、64.94%和81.96%。

双因素方差分析结果表明，杂类草的物种丰富度、Shannon-Wiener指数、Simpson指数和Pielou指数，以及草地群落的物种多样性在不同封育年限草地之间差异显著（$P<0.05$，表8-2），而采样小区，以及它与封育年限之间的交互作用对这些参数影响均不显著（$P>0.05$，表8-2）。放牧地群落的物种多样性（16.5）均显著高于其他样地（封育10年草地12.4、封育20年

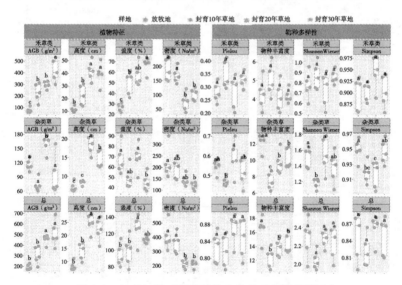

图8-2 封育年限对群落结构和物种多样性的影响

草地 13.8 和封育 30 年草地 14.4）。杂类草的 Pielou 指数和 Shannon-Wiener 指数均在封育 20 年草地中最高（图 8-2）。

用 PCA 分析群落参数随封育年限的变化，结果见表 8-3。PC1 和 PC2 能解释总变异的 84.89%。群落高度、地上生物量和盖度主要受禾草类的影响，而植物密度和物种多样性主要受杂类草的影响（图 8-3）。

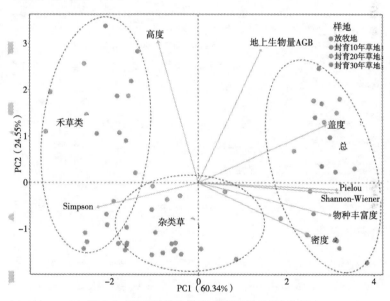

图 8-3　群落结构和物种多样性的 PCA 分析

表 8-3　草地群落特征、物种多样性和繁殖更新响
应封育年限的 PCA 结果

项目	参数	Dim.1	ctr	cos2	Dim.2	ctr	cos2
群落特征	盖度	0.881	16.097	0.777	0.379	7.316	0.144
	密度	0.773	12.363	0.597	−0.350	6.233	0.122
	株高	−0.278	1.602	0.077	0.926	43.627	0.857
	物种多样性	0.913	17.271	0.834	−0.212	2.291	0.045

（续）

项目	参数	Dim. 1	ctr	cos2	Dim. 2	ctr	cos2
群落特征	地上生物量	0.437	3.954	0.191	0.874	38.889	0.764
	Shannon-Wiener 指数	0.964	19.250	0.929	−0.067	0.228	0.004
	Simpson 指数	−0.705	10.310	0.498	−0.161	1.312	0.026
	Pielou 指数	0.962	19.154	0.925	−0.045	0.103	0.002
繁殖更新	繁殖更新密度	0.986	27.417	0.972	0.113	0.782	0.013
	有性繁殖密度	−0.090	0.230	0.008	0.405	10.052	0.164
	无性繁殖密度	0.986	27.392	0.971	0.082	0.407	0.007
	根茎型密度	0.700	13.829	0.490	0.530	17.218	0.281
	根蘖型密度	−0.426	5.113	0.181	0.555	18.824	0.308
	匍匐型密度	−0.122	0.419	0.015	0.689	29.010	0.474
	分蘖型密度	0.952	25.550	0.906	−0.242	3.589	0.059
	分枝型密度	0.042	0.049	0.002	0.573	20.117	0.329

（二） 禾本科和杂类草功能群繁殖更新的物种多样性和密度变化

双因素方差分析结果表明，封育年限对繁殖更新总密度、无性更新密度、禾草类和杂类草的无性更新密度、根蘖型密度、分蘖型密度和分枝型密度的影响均显著（$P<0.5$，表 8-2），但对后代物种丰富度、有性更新密度、根茎型密度和匍匐型密度的影响不显著（$P>0.5$，表 8-2）。繁殖更新总密度、无性繁殖密度、禾草类无性繁殖密度和分蘖型密度均在封育 10 年草地最高。与放牧地相比，封育 10 年提高了 20.2% 的繁殖更新总密度，18.2% 的无性繁殖密度和 45.0% 的禾草类无性繁殖密度。但封育 20 年和封育 30 年分别降低了繁殖更新总密度 37.9% 和 43.6%，无性繁殖密度 38.8% 和 45.1%，禾草类无性繁殖密度 41.5% 和 34.7%（图 8-4）。放牧地杂类草无性繁殖密度在是封育 30 年草地的 2.6 倍。与放牧地相比，分蘖型密度在封育 10 年草地增加了 47.6％，封育 20 年草地减少了 45.1％，封育 30 年草地减少了 38.2％。尽管分枝型密度在封育 20 年草地和放牧地之间差异不显著，但封育措施降低了分枝型密度 48.9％～70.5％（图 8-4）。

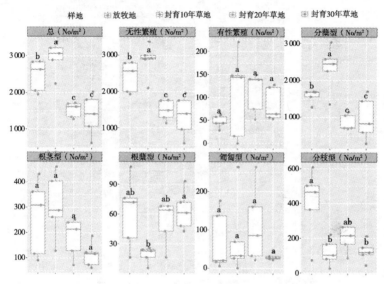

图 8-4　封育年限对后代繁殖密度的影响

注：图中不同小写字母表示处理间差异显著（$P<0.05$）。

封育或放牧对繁殖更新密度、无性繁殖密度和禾草类无性繁殖密度的影响主要是由分蘖型枝条密度的变化引起的。分蘖型在黄土高原典型草原总繁殖更新中占 62.1％～81.7％，而由分枝型仅仅占 5％左右（图 8-5）。

为了更全面地了解不同封育年限草地之间的繁殖更新变化，对繁殖更新密度进行 PCA 分析（表 8-3）。PC1 和 PC2 能解释总变异的 70.39％（图 8-6）。主成分分析结果表明，封育 10 年草地具有较高的分蘖型密度、无性繁殖密度和后代繁殖密度，而放牧地具有较高的匍匐型和分枝型密度。

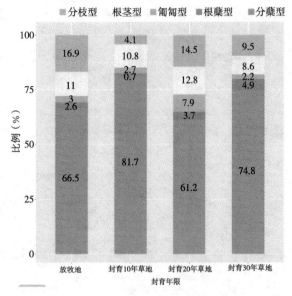

图 8-5 不同封育年限的草地不同分株类型所占比例

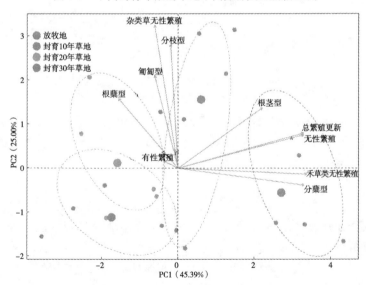

图 8-6 繁殖更新的 PCA 分析

三、讨论

用栅栏将草地完全隔离，以避免家畜啃食，对恢复草地生产力和防止该地区进一步的土壤侵蚀至关重要。笔者的结果表明，在典型的草原上，封育可以改善群落水平的植物覆盖度、株高和地上生物量。这与 Wu 等（2009）和 Cheng 等（2011）的研究结果一致，在他们的研究中，用围栏隔离家畜和食草动物，增加了草地覆盖率和生产力。低土壤资源和食草动物与植物之间较短的进化历史导致初级生产力的提高（Milchunas 和 Lauenroth，1993；Forbes 等，2019）。群落水平植物盖度、株高和地上生物量的变化主要由禾本科功能群引起。放牧或封育均能改变地上优势功能群。笔者的研究结果与禾本科地上部生物量、盖度、株高增加的假设相一致，说明封育后杂类草功能群的这些指标会下降。从杂类草到禾本科的转变最终导致了更高的地上生物量、盖度和株高。然而，地上优势功能群并没有随着恢复时间的增加而改变，禾本科占总种数的65％～82％。这一发现与大多数温带草地生态系统研究一致，其中禾本科在后期演替植物群落中占主导地位（Galvanek 和 Leps，2008；Miles 和 Knops，2009）。

正如预测的那样，放牧草地群落物种的丰富度高于封育草地。Koerner 等（2018）报道，植物优势度的改变决定了食草动物对植物多样性的影响。在笔者的研究中，主要的放牧家畜——羊减少了禾本科功能群的优势度（如因为禾本科适口性较好），并且增加了额外的资源（光、土壤养分和水）来支持稀有物种，特别是较低矮的杂类草，从而增加了物种多样性。笔者研究表明，杂类草影响放牧或封育草地植物多样性。Li 等（2017）的研究结果表明了杂类草对生物多样性保护和生态系统功能的重要性。因此，禾本科功能群是影响群落结构的关键因素，而杂类草在多年生典型草原物种多样性调节中起着关键作用。此外，笔者的试验结果表明，子代丰富度与放牧或封育没有关系，这与假设不一致。这一发现出乎意料，因为已知封育或放牧会影响草地生态系统的群落物种丰富度（Cingolani 等，2005；Deng 等，2014）。然而，有一个主要因素可以解释子代丰富度没有变化的原因。众所周知，有性繁殖可以维持物种多样性的显著性（Nathan 和 Muller-Landau，2000）。Li 等（2011）提出，高山草甸植物区系多样性主要由有性繁殖决定，而有性繁殖对该地区群落的增长和更新贡献不大；相反，无性繁殖被认为是影响封育草地繁殖更新的关键因素。

放牧或封育条件下地上优势功能群的转移有三个原因：①主要是由于家畜选择性地啃食植物组织（如不同的植物功能群经历不同程度的组织损失）（Augustine 和 McNaughton，1998）和优势种的适口性（Koerner 等，2018）造成的。羊喜欢吃绿叶的顶端。针茅类植物是封育草地中的重要禾本科植物，在形态和口感上都是羊吃草的首选。艾属植物是放牧草地的重要组成部分，但其有苦味，通常不被啃食。②与禾本科的生长和竞争优势有关，如本氏针茅、大针茅和普氏针茅。在封育 10 年或 10 年以上的草地上，适口性好的禾本科类草比杂类草具有更强的竞争能力（Moretto 和 Distel，1997）。③通过放牧，杂类草功能群可以迅速从组织缺损中恢复。因此推测，杂类草在放牧草地中的主导作用可能是由很强的定植能力造成的。

Gilmour（2002）指出，当干扰水平较低时，无性系物种会将更多的能量投入到无性繁殖中。因此，有性繁殖在群落增长和高频率的再生中扮演着重要角色是合乎逻辑的（Forbis，2003；Gallego 等，2004；Wu 等，2011）。然而，笔者的研究结果表明，有性繁殖对群落增长的贡献很小，无论有无放牧，有性繁殖在多年生丛生草地上都没有发生变化，这与其他草地上的有性繁殖是一致的（Morgan，1999；Arevalo 等，2009）。在以前的研究中，Zhao 等（2013）认为，物种组成和封育可能造成半干旱草原有性繁殖率低。在这里，笔者的研究证明了封育不能证明无性繁殖比有性繁殖重要。因此推测，物种组成和优势功能群可能是造成有性繁殖率低和无性繁殖率高的主要原因。大多数多年生植物主要依靠的不是种子，而是依靠营养器官再生（Morgan，1999）。此外，在无性系植物中很少发现有性繁殖（Eriksson，1989，1993）。然而，无性繁殖通常足以在有性繁殖率较低或使用无性繁殖时维持种群增长（Eriksson，1989，1993）；当植被生物量高时，无性繁殖往往容易成功（Grime，2001）。虽然禾本科植物功能群产生了大量的种子，但很少有种子能在田间成功发芽、吸收和存活。

　　在本研究区，禾本科植物的功能类群中，绝大多数无性繁殖来自分蘖，只有一小部分来自根状茎。豆科、菊科等杂类草功能群通过分枝和根蘖幼苗进行无性繁殖（表 8-1）。正如所预测的，对于杂类草功能群，尽管放牧地、封育 10 年草地和封育 20 年草地之间没有统计学意义，但通过放牧，匍匐茎、根蘖幼苗和分枝的繁殖量得到了提高。可以明显看出，放牧地中分枝植物机构的子代增长量显著高于封育 10 年和 20 年的草地。然而，与我们的假设不同的是，在放牧或封育条件下，主要的繁殖模式并没有因植物功能群优势度的改变而改变，而从禾本科功能群中增加的分蘖在这 4 种草地类型的植物再生中一直起着决定性的作用。为什么群落优势度的改变不改变子代增长优势度？其原因可能与有性繁殖和无性繁殖之间的交换机制、放牧强度和绵羊摄食行为有关。首先，尽管放牧家畜容易摄食禾本科的花和果实，从而减少有性繁殖，但由于有性繁殖和无性繁殖之间的交换机制，因此适度放牧可以改善分蘖繁殖。第二，虽然牧草在形态和口感上是绵羊的第一选择，但在适度放牧下，低位点上的子代可能不会被严重破坏。此外，禾本科的无性系分蘖由于要补偿落叶的代偿性生长，因此会产生更多的新梢（Caldwell 等，1981）。

放牧或封育引起的无性繁殖密度的变化是由于分蘖和分枝的营养繁殖引起的。与放牧草地相比，分蘖支株数在封育草地上短期内呈上升趋势，但随着放牧年限的增加而下降。封育降低了分枝密度，且随着封育年限的增加，分枝密度无明显变化趋势。正如预测的那样，在短暂的封育草地（10年）中，杂类草功能群的繁殖密度降低，而禾本科功能群的繁殖密度增加。然而，为什么封育20多年来，随着放牧的结束，草地分蘖枝的数量不断减少？在演替后期，封育地中禾本科决定了群落的盖度和高度。与放牧草地相比，短期封育逐渐提高了禾本科的覆盖率和高度。放牧有利于禾本科创造的空间以确保数量快速增长，生产更多的分株（Klimeš等，1997）。然而，长期的封育极大地增加了禾本科的盖度和高度，特别是对优势种大针茅和侧柏而言。新分蘖株和其他无性繁殖均被优势种抑制，对种群再生具有潜在的危害。因此，笔者的研究结论是，短期的封育对禾本科功能群的分蘖增长有利，但长期的封育则产生了消极的影响，最终对禾本科和杂类草功能群的群落更新都产生了负面影响。

四、结论

放牧或封育改变了地上优势功能群。植物优势度的变化对群落生产力、盖度、株高和物种多样性有显著影响。禾本科功能群是影响群落结构的关键因素，而杂类草功能群在调节多年生典型草原物种多样性中起着关键作用。但放牧或封育引起的群落优势度的变化并不影响该地区分蘖增长优势度。由放牧和封育引起的无性繁殖的变化主要是由禾本科功能群引起的，这意味着长期封育对群落更新和生物多样性保护有负面影响。

第九章
封育草地植物功能群
和芽库研究

由于过度放牧、管理不当和不适当开垦、挖药材等，目前我国现有90％的可利用天然草原有不同程度的退化，而且每年正以200万 hm^2 的速度增加（Tan和Tan，2014）。政府和科学家们采取人工草地种植、草地补播（Liu等，2016）和封育（Jing等，2014；Cheng等，2016；Bi等，2018）等措施来防止草地进一步退化。封育被广泛认为是一种简单、经济、有效的恢复方法（Wu等，2010；Wang等，2014；Cheng等，2016）。近年来的研究集中在封育对物种组成、植被演替、群落结构和土壤理化性质的影响（Fernándezlugo等，2013；Li等，2015；Hu等，2016；Zhu等，2016）。但封育对典型草原芽库的影响，以及这种影响如何与群落优势植物功能群的变化联系起来报道得较少。

封育对草地植物群落的影响可以从繁殖库的角度更好地解释，包括土壤种子库和芽库（Willand等，2013）。在以一年生植物为主的草原上，土壤种子库可以很好地预测地上植被发展和群落演替方向（Cherry和Gough，2006）。然而，在多年生草地群落中，种群动态、群落结构和草地生产力的变化动态往往更依赖于芽库（Hartnett等，2006；Klimešová和Klimeš，2008；Klimešová等，2018）。一些研究表明，多年生植物种群的再生和维持主要受营养繁殖和芽库动态的调节（Benson等，2004；Benson和Hartnett，2006）。在多年生植物占优势的草原生态系统受到干扰后，芽库可能是地上植被更新的主要来源（Dalgleish和Hartnett，2009；Pausas等，2018）。芽库由可用于植被更新的所有幼芽组成（Klimešová和Klimeš，2007）。因此，了解不同群落芽库的差异，可能对理解封育对多年生草地种群动态、群落结构和草地生产力的潜在机制具有重要意义。

芽库对长期封育的响应也可能依赖于对植被的响应,优势植物功能群可能在芽库密度的调节中发挥重要作用。植物功能群是指在群落中具有相似功能的植物群体,通常按生活型(禾本科或杂类草)、起源(本地物种或外来物种)和物候学(冬季牧草或夏季牧草)进行划分。不同的植物功能群对植物群落的动态变化、生态系统结构和功能都有影响(McLaren,2006),但哪种功能群在群落中占主导地位可能取决于其在群落中所占的比例,即"质量比"假说(Grime,1998)。该假说认为,优势种将决定植物群落的动态变化,而次要的、数量少的物种则发挥次要的、间歇性的作用(Polley 等,2006;Phoenix 等,2008)。在高寒草甸弃耕地演替过程中,优势功能群禾本科决定着群落结构和植物组成(Li 等,2017)。但典型草原是以高产的、无性繁殖为主的禾本科牧草为优势功能群,因此基于高寒草甸群落动态的预测方法可能不适用于典型草原。当受到外界干扰、优势种消失时,数量较少的物种可能会补偿优势种的缺失(Munson 和 Lauenroth,2009;McLaren 和 Turkington,2011)。因此推测,放牧草地在长期禁牧后,优势功能群将从杂类草转变为禾本科。此外,放牧草地禁牧后偶见种可以通过无性繁殖迅速占领空间(Munson 和 Lauenroth,2009)。在此背景下,我们假设,放牧条件下禾本科优势功能群的去除对杂类草的地下芽库具有极大的积极影响。

本章研究了黄土高原典型草原禁牧 20 年草地、禁牧 30 年草地和放牧草地的禾本科和杂类草功能群的地上生物量、茎秆密度和芽库密度等特征。具体目标是:①从植物功能群角度,研究长期禁牧对草地地上生物量、茎秆密度和地下芽库密度的影响。②分析地上生物量和茎秆密度对地下芽库密度的影响。希望有助于理解禁牧对芽库的影响,从而有助于进一步分析地下芽库对草地群落演替的贡献。

一、材料与方法

（一） 试验方法

野外采样在自然保护区两个封育草地（grazing exclusion grassland，GEG）和一个放牧草地（grazing grassland，GG）内进行。第一个封育样地为 1982 年禁牧，在取样时已经封育 30 年，记为封育 30 年草地。第二个封育样地为 1996 年禁牧，在取样时已封育 20 年，记为封育 20 年草地。由于当地农民特殊的饮食习惯及栖息地，因此绵羊是主要的放牧动物。当地牧民虽全年可以自由放牧牛、羊，但在放牧草地很少见到放牧牛，且没有明显的放牧季节和非放牧季节。农民全年都会给牲畜补饲，以减轻草场放牧的压力。由于当地草原管理者严格监测，因此放牧强度始终保持在中等水平，每平方米草地载畜量为 2～3.5 羊单位。放牧草地上很少出现大型野生食草动物，野生动物摄食的影响可以忽略不计。

封育 20 年草地和封育 30 年草地群落均以多年生本氏针茅为主，伴生植物有大针茅、赖草和一些多年生杂类草（如白莲蒿、火绒草）等。放牧地地上植被以本氏针茅、火绒草、白莲蒿、阿尔泰狗娃花和干生苔草为主。研究样地在 2014 年不同月份的草产量见表 9-1。

表 9-1　2014 年黄土高原典型草原不同季节和
不同采样点的地上生物量（g/m^2）

样地	5 月		8 月		10 月	
	总	禾草类	总	禾草类	总	禾草类
放牧地	123.18± 32.14[a]	24.93± 5.83[a]	167.65± 9.74[a]	45.77± 7.92[a]	150.81± 16.23[a]	37.56± 15.25[a]
封育 20 年	265.18± 17.22[b]	185.33± 30.69[b]	426.77± 31.18[b]	301.79± 26.43[b]	378.73± 34.60[b]	239.21± 23.90[b]

（续）

样地	5月		8月		10月	
	总	禾草类	总	禾草类	总	禾草类
封育30年	288.00± 28.31^b	218.26± 40.05^b	496.00± 44.89^b	400.92± 39.82^b	438.12± 30.89^b	312.43± 38.22^b

注：同列上标不同小写字母表示处理间差异显著（$P<0.05$）。

野外采样时间为 2016 年 7 月，此时的植物生物量已经达到顶峰。3 个采样地点的海拔相似，封育 30 年的草地为 2 053m、封育 20 年的草地为 2 061m、封育 10 年的草地为 2 067m。在每个样地内随机设置 3 个 50m×50m 的小区（小区之间最小距离为 5m），然后每个小区内随机设 5～7 个具有相同植物组成的成对样方，每个样方大小为 50cm×50cm。一个样方用于地上植被的取样调查，另一个样方用于幼苗和地下芽库的调查。分析地下芽库时，样方内的一些幼苗可能会丢失，地上生物量和茎秆密度的数据可能不准确，因此没有从同一个样方取样。

地上植被调查时测定地上植被的生物量（干重）和茎秆的密度。首先统计样方中所有存活的绿色植物，然后按植物功能群进行分类。将样方中每个物种的地上生物量齐地面剪下，用 80℃ 烘箱烘 48h，用电子天平（精度 0.01g）称植物的干重（g/m²）。

芽库调查采用单位面积挖掘取样法，取样深度为 25cm。取样时将样方内地上部分茎枝连同地下部分（根茎和根蘖等）一起挖出，用清水轻轻冲洗干净装入塑料袋带回实验室。注意保持地上植株与地下器官及全部营养芽的自然联系，以便鉴定与统计，参照文献 Qian 等（2015）的方法进行芽库鉴定与统计。在解剖显微镜下，根据芽形态和芽所附着根系的形态鉴定芽库类型。本试验只统计明显的芽，可能形成根的分生组织不予统计。不同类型的植物需要不同的鉴定技术：对于游击型植物，通过肉眼即可辨认根茎上、根蘖上和匍匐茎上的芽；而需要借助解剖镜对位于丛生型植物基部的分蘖芽和根颈芽来鉴定芽的类型和数量。

（二） 数据分析

利用地下芽库密度与地上茎密度的比值来计算芽限制指数（Dalgleish 和 Hartnett，2006）。采用双因素方差分析分析随机因子（采样小区）和固定因子（不同封育年限）对草地地上生物量、茎秆密度、芽库总密度，以及禾草功能群和杂类草功能群的地上生物量、茎秆密度和芽库密度的影响。采用线性混合效应模型（LMMs）研究不同植物功能群的芽库密度与地上生物量，芽库密度与茎秆密度的关系，其中封育年限和采样小区均作为随机因子。采用 Mann-Whitney-Wilcoxon 检验进行差异显著检验，该检验忽略了总体分布是否相同。利用 Pearson 相关分析研究了芽库密度、地上生物量和茎秆密度之间的关系。在 Mann-Whitney-Wilcoxon 检验和 Pearson 相关分析之前未对数据进行转化。所有统计分析均采用 R 语言软件进行。

二、结果与分析

（一） 地上净初级生产力

双因素方差分析（Two-Way ANOVA）结果表明，不同封育年限对地上总生物量、禾草类和杂类草地上生物量均有显著影响（$P < 0.05$，表 9-2），但采样小区对地上总生物量、禾草类和杂类草地上生物量影响均不显著（$P > 0.05$，表 9-2）。封育年限和采样小区之间的交互作用对地上总生物量和禾草类地上生物量的影响不显著（$P > 0.05$，表 9-2），但对杂类草地上生物量的影响显著（$P < 0.05$，表 9-2）。长期封育显著提高了地上总生物量（$P < 0.001$，表 9-3），地上生物量的显著增加主要归于禾草类而非杂类草。与放牧地相比，封育 20 年草地提高了杂类草的地上生物量，但差异不显著（$P > 0.05$，表 9-3）。

但与放牧地［地上总生物量：（193.65±9.74）g/m²；禾草类地上生物量：（50.22±9.01）g/m²］相比，封育 20 年草地的地上总生物量和禾草类地上生物量分别增加 2.5 倍和 6.0 倍［地上总生物量：（477.43±29.99）g/m²；禾草类地上生物量：（301.31±27.81）g/m²］，封育 30 年草地则分别增加了 2.6 倍和 8.0 倍［地上总生物量：（512.00±44.89）g/m²；禾草类地上生物量：（399.49±41.16）g/m²］。封育 20 年草地的地上生物量是封育 30 年草地的 1.6 倍（图 9-1）。不同封育年限草地的禾草生物量分别占地上总生物量的 26%（放牧地）、63%（封育 20 年）和 78%（封育 30 年），表明长期封育增加了禾草类在植物群落中的比例。放牧退化草地在长期禁牧后，优势功能群从原来的杂类草转变为禾草类。

表 9-2　双因素方差分析结果

项目	自由度	F 值	P 值	F 值	P 值	F 值	P 值
方差来源		总地上生物量		禾草类地上生物量		杂类草地上生物量	
年限	1	33.191	<0.001	37.423	<0.001	4.595	<0.05
小区	2	0.523	>0.05	0.391	>0.05	1.290	>0.05
年限×小区	2	2.313	>0.05	0.659	>0.05	3.190	<0.05
方差来源		总茎秆密度		禾草类茎秆密度		杂类草茎秆密度	
年限	1	6.821	<0.01	4.850	<0.05	5.138	<0.01
小区	2	0.382	>0.05	0.325	>0.05	0.174	>0.05
年限×小区	2	1.401	>0.05	1.981	>0.05	2.415	>0.05
方差来源		总芽库密度		禾草类芽库密度		杂类草芽库密度	
年限	1	3.619	<0.05	14.043	<0.001	1.496	>0.05
小区	2	0.218	>0.05	3.792	<0.05	1.813	>0.05
年限×小区	2	0.825	>0.05	1.314	>0.05	0.211	>0.05

表 9-3　Mann-Whitney-Wilcoxon 分析结果

项目	W 值	P 值	W 值	P 值	W 值	P 值
差异来源	总地上生物量		禾草类地上生物量		杂类草地上生物量	
放牧地（封育 20 年）	2.0	<0.001	3.0	<0.001	134.0	>0.05
放牧地（封育 30 年）	20.0	<0.001	8.0	<0.001	155.0	>0.05
封育 20~30 年	166.0	>0.05	118	>0.05	276.0	<0.01
差异来源	总茎秆密度		禾草类茎秆密度		杂类草茎秆密度	
放牧地（封育 20 年）	243.5	<0.01	240.5	<0.05	177.5	>0.05
放牧地（封育 30 年）	247.5	<0.01	215.5	<0.05	217.5	<0.05
封育 20~30 年	113.0	>0.05	126.0	>0.05	210.0	>0.05
差异来源	总芽库密度		禾草类芽库密度		杂类草芽库密度	
放牧地（封育 20 年）	69.0	<0.05	63.5	<0.01	181.0	>0.05
放牧地（封育 30 年）	123.0	<0.01	87.0	<0.001	341.0	>0.05
封育 20~30 年	224.5	>0.05	183.5	<0.01	336.5	>0.05

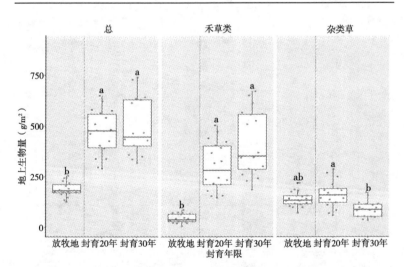

图 9-1　封育年限对草地地上生物量的影响（AGB，g/m²）

注：图中不同小写字母表示处理间差异显著（$P<0.05$）。

（二） 地上植被茎秆密度

双因素方差分析（Two-Way ANOVA）结果表明，总茎秆密度、禾草类茎秆密度和杂类草茎秆密度在不同封育年限草地之间差异显著（$P<0.05$，表 9-2）。采样小区，及其与封育年限之间的交互作用均对总茎秆密度、禾草类茎秆密度和杂类草茎秆密度的影响不显著（$P>0.05$，表 9-2）。封育 20 年和 30 年均显著降低了禾草类茎秆密度（$P<0.05$，表 9-3）和杂类草茎秆密度（30y GEG：$P<0.05$，表 9-3），极显著降低了总茎秆密度（$P<0.01$），尽管放牧地与封育 20 年草地之间的杂类草茎秆密度无显著差异（$P>0.05$，表 9-3）。总茎秆密度、禾草类茎秆密度和杂类草茎秆密度在封育 20 年和 30 年草地之间无显著差异（彩图 1）。与放牧地［总密度：（2 294.1±208.7）茎/m^2；禾草类：（1 718.7±186.6）茎/m^2；杂类草：（5 288.4±99.4）茎/m^2］相比，总茎秆密度、禾草类茎秆密度和杂类草茎秆密度在封育 20 年后分别下降了 31%、38% 和 22%［总密度：（1 574.6±139.5）茎/m^2；禾草类：（1 056.0±142.8）茎/m^2；杂类草：（409.4±54.6）茎/m^2］，在封育 30 年后分别下降了 37%、33% 和 60%［总密度：（1 447.9±169.4）茎/m^2；禾草类：（1 152.2±174.2）茎/m^2；杂类草：（212.3±37.5）茎/m^2］。另外，禾草类功能群的茎秆密度占地上植被总茎秆密度的比例较高，为 67.0%～79.9%。

（三） 芽库密度

不同封育年限对芽库密度的影响显著（$P<0.05$，表 9-2），对禾草类芽库密度有极显著影响（$P<0.001$，表 9-2），但对杂类草芽库的影响不显著（$P>0.05$，表 9-2）。封育年限与采样小区的相互作用对这三个指标的影响均不显著（$P>0.05$，表 9-2）。禾草类芽库密度在不同样地之间的差异显著（$P<0.05$，表

9-3)。与放牧地相比，封育 20 年草地总芽库密度和禾草类芽库密度分别提高了 25% 和 49%，封育 30 年草地的总芽库密度和禾草类芽库密度分别提高了 37% 和 95%。同时，封育 30 年草地的禾草类芽库密度显著高于封育 20 年草地（彩图 1）。禾草类功能群在地下芽库占绝对优势（GG：56%；20y GEG：67%；30y GEG：79%），而且长期封育提高了禾草类功能群的比例。

（四） 地上植被与芽库关系

禾草类芽库密度与总地上生物量呈显著正相关，与禾草类茎秆密度、总茎秆密度呈显著负相关（$P<0.05$，彩图 2），禾草类芽库密度与禾草类地上生物量呈极显著正相关（$P<0.01$，彩图 2）。总芽库密度与禾草类地上生物量、总地上生物量均呈显著正相关，与禾草类茎秆密度和总茎秆密度呈显著负相关（$P<0.05$，彩图 2）。由此可见，芽库密度是衡量地上生物量和茎秆密度变化的良好指标，尤其是禾草类芽库密度。此外，禾草类地上生物量与地上总生物量、禾草类茎秆密度与总茎秆密度、禾草类芽库密度与总芽库密度也呈极显著正相关（$P<0.001$，彩图 2），表明草地功能群在研究群落更新和生产力方面发挥了重要作用。总地上生物量与总茎秆密度、禾草类茎秆密度呈显著负相关（$P<0.05$，彩图 2），禾草类地上生物量与总茎秆密度、禾草类茎秆密度呈显著负相关（$P<0.01$，彩图 2），杂类草茎秆密度与总茎秆密度呈极显著正相关（$P<0.01$，彩图 2）。

线性混合效应模型（LMM）分析结果表明，杂类草芽库密度主要受地上生物量的影响（$P<0.05$，表 9-4 和表 9-5），尤其是杂类草功能群对其的影响极大（$P<0.01$，表 9-4 和表 9-5）。同时，总芽库密度主要受总茎秆密度的影响（$P<0.01$，表 9-4 和表 9-5）。我们用地下芽库密度与地上茎秆密度的比值作为分生组织限制的指标，其值小于 1 表示受分生组织限制。放牧地的分生组织限制指数在 3 个样地中最低，为 2.90，封育 20 年样地

和封育 30 年样地的分生组织限制指数分别为 5.50 和 6.58。可知研究区的这三个样地均不受分生组织的限制，而且长期封育增加了分生组织的限制指数。

表 9-4　线性混合效应模型分析结果

因变量	自变量	Num DF	Den DF	F 值	P 值
禾草类芽库密度	截距	1	45	3 974.357	<0.001
	禾草类地上生物量	1	45	1.090	>0.05
	杂类草地上生物量	1	45	0.170	>0.05
	总地上生物量	1	45	0.023	>0.05
	禾草类茎秆密度	1	45	0.692	>0.05
	杂类草茎秆密度	1	45	0.119	>0.05
	总茎秆密度	1	45	3.305	>0.05
杂类草芽库密度	截距	1	45	64.098	<0.001
	禾草类地上生物量	1	45	7.996	<0.01
	杂类草地上生物量	1	45	3.320	>0.05
	总地上生物量	1	45	6.444	<0.05
	禾草类茎秆密度	1	45	0.221	>0.05
	杂类草茎秆密度	1	45	0.005	>0.05
	总茎秆密度	1	45	0.002	>0.05
总芽库密度	截距	1	45	25 946.382	<0.001
	禾草类地上生物量	1	45	3.701	>0.05
	杂类草地上生物量	1	45	1.061	>0.05
	总地上生物量	1	45	0.001	>0.05
	禾草类茎秆密度	1	45	1.530	>0.05
	杂类草茎秆密度	1	45	0.499	>0.05
	总茎秆密度	1	45	7.283	<0.01

表 9-5　线性混合效应模型结果

因变量	自变量	估测值	SE	Den DF	t 值	P 值
禾草类 芽库密度	截距	4.260	0.689	45	6.180	<0.01
	禾草类地上生物量	0.137	0.234	45	0.588	>0.05
	杂类草地上生物量	0.096	0.212	45	0.454	>0.05
	总地上生物量	−0.119	0.444	45	−0.269	>0.05
	禾草类茎秆密度	0.347	0.257	45	1.348	>0.05
	杂类草茎秆密度	0.162	0.108	45	1.496	>0.05
	总茎秆密度	−0.695	0.382	45	−1.817	>0.05
杂类草 芽库密度	截距	−2.184	2.024	45	−1.078	>0.05
	禾草类地上生物量	−0.544	0.703	45	−2.773	<0.01
	杂类草地上生物量	−0.307	0.616	45	−0.498	>0.05
	总地上生物量	3.014	1.275	45	2.363	<0.05
	禾草类茎秆密度	−0.167	0.737	45	−0.227	>0.05
	杂类草茎秆密度	−0.024	0.310	45	−0.080	>0.05
	总茎秆密度	0.488	1.095	45	0.044	>0.05
总芽库密度	截距	4.389	0.508	45	8.638	<0.01
	禾草类地上生物量	0.110	0.166	45	0.664	>0.05
	杂类草地上生物量	0.126	0.153	45	0.822	>0.05
	总地上生物量	−0.071	0.328	45	−0.218	>0.05
	禾草类茎秆密度	0.385	0.192	45	2.005	>0.05
	杂类草茎秆密度	0.190	0.080	45	2.368	<0.05
	总茎秆密度	−0.769	0.285	45	−2.698	<0.01

三、讨论

（一）　封育对不同功能群地上生物量和茎秆密度的影响

试验表明封育通过排除草地上的草食牲畜，可显著提高草地上的生物量。笔者的研究也为放牧或长期封育改变温带草原的优势功能群提供了理论证据。长期封育降低了杂类草功能群比例，提高了禾草类功能群的比例（Wu 等，2011）。有良好适口性的禾草类功能群在典型草原群落中占主导地位，这与 Jing 等（2014）的结果一致，他指出禁牧显著提高了草地的总地上生物量和禾草类地上生物量。一些研究结果表明，在停止放牧 10 年或 10 年以上的草地上，适口性好的草比适口性差的草具有更强的竞争能力（Moretto 和 Distel，1997；Gallego 等，2004）。本地区牧草产量的下降可能是由家畜特别是绵羊的选择性牧食行为所致。在形态特征和口感上，放牧地的针茅植物将是绵羊取食的首选。蒿类植物是放牧地的重要组成部分，但其味苦，常被拒食。因此，地上生物量的显著增加和禾草类功能群比例的显著提高，最终导致封育草地总地上的生物量急剧增加。

　　长期封育导致地上茎秆密度显著降低，是由于禾草类和杂类草的茎秆密度均显著降低，尽管在封育 20 年草地中茎秆密度的降低并不显著。在长期围栏封育草地上，一些竞争能力较低的物种，无论是禾草类还是杂类草功能群，其对光资源（Grime，1998）或养分有效性的竞争能力都较弱（wal Vander 等，2004），其密度会大大降低或最终在草地群落中消失。因此，在典型草原，一些具有较强繁殖能力的禾本科牧草占主导地位，如本氏针茅、大针茅和甘青针茅，这些牧草均具有快速扩张的能力（Arredondo 和 Johnson，1999）。笔者的研究结果还表明，长期封育可通过增加禾草功能群的高度或单枝生物量来提高地上净初级生产力，而不是通过增加该地区禾草类的茎秆密度来提高地上净初级生产力。Lemaire 等（2000）认为，单枝分蘖重量与分蘖数量成反比。一般情况下，封育会增加禾草的高度（Sigcha 等，2018），这种模式也适用于杂类草。杂类草的地上生物量和茎秆密度均在封育 30 年时明显下降，尽管封育和放牧未能显著改变地上生物量。长期封育可通过降低杂类草的高度或单个分枝生物量来降低其地上生物量。长期封育草地中杂类草较矮，可能是由于其竞争能力较低，特别是对光照的竞争。因此，在高大禾草类遮阴下生长的杂类草生活力较低，其根、根茎和匍匐茎的生长均会受到抑制。可见，长期封育能够提高禾草类功能群的优势地位，特别是一些高大的、适口性好的密丛型禾草类。

（二） 封育对不同草地功能群芽库的影响

Dalgleish 和 Hartnett（2009）研究指出，美国高草草原植物对火灾和放牧的响应是通过改变地下芽库的死亡率、幼苗萌发率和芽库密度来完成的。因此，地下芽库的数量特征变化可能是解释该地区多年生草地如何应对长期封育和放牧的潜在机制。笔者的研究结果表明，草地芽库密度，特别是禾草类功能群的芽库密度是预测地上茎秆密度和地上生物量变化的一个重要指标。Jing 等（2014）也提出，多年生丛生禾草的变化可以预测土壤理化性质的变化。Dalgleish 和 Hartnett（2009）研究表明，地下芽库的数量能够解释 ANPP 在响应火灾和放牧干扰时的时空变化。因此，了解芽库的数量特征是研究典型草原地上植被密度和生物量变化的关键。

笔者的研究结果表明，长期封育能够提高地下芽库总密度，主要是由禾草类芽库密度的增加引起的。研究区地下芽库至少56%是由禾草组成。与其他类型相比，禾草的分蘖芽更能承受环境胁迫（Qian 等，2017）。一些研究表明，放牧会降低高草草原（Vanderweide 和 Hartnett，2015）和半干旱草原（Hendrickson 和 Briske，1997）的禾草芽库密度，但这与 Fidelis 等（2014）和 Wang 等（2018）的研究结果不一致。Fidelis 等（2014）和 Wang 等（2018）研究指出，放牧增加了禾草芽库密度。此外，也有研究表明放牧并未明显改变总芽库密度（Qian 等，2014）。禾草芽库密度对放牧的响应差异可能与草原优势植物有关（Wang 等，2018）。另外，我们发现不同类型的芽库对无性系分株密度的贡献对放牧有不同的响应。笔者研究表明，放牧显著增加了禾草类的茎秆密度，但降低了禾草芽库密度。可见，放牧提高了禾草芽库的出苗率，这与 Dalgleish 和 Hartnett（2009）的研究结果一致。Dalgleish 和 Hartnett（2009）指出，在高草草原上，放牧增加了禾草茎秆密度，降低了禾草芽库密度，但放牧或禁牧对杂类草芽库密度没有显著影响。这一发现与通过放牧去除优势禾草类功能群对杂类草芽库有积极作用的假设不一致。因此，禾草芽库密度的改变成为解释长期封育提高典型草原禾草功能群优势的关键因素。为什么长期封育会显著增加该地区禾草芽库密度？首先，绵羊的选择性采食行为可能是主要原因，植物形态特征、可食性等会影响绵羊的采食行为。与牛相比，位置较低的嫩枝或嫩芽容易被羊采食，尤其是在靠近土壤表面的分蘖节位置的新芽更容易被羊破坏或吃掉。当地上生物量减少时，绵羊很可能会吃掉嫩芽。因此，放牧绵羊的草原，其芽库会受到更严重的破坏。相比之下，封育首先降低了分蘖芽的死亡率。其次，由于生长速率增加和生物量积累而导致的芽库产量增加可以解释在不放牧的情况下芽库密度明显增加的原因，放牧加速了这些适口性好的禾草的茎叶损失（Semmartin 等，2008）。因此，放牧地上受损的分蘖芽不能及时积累足够的营养物质来产生新的芽，同时地上生物量积累的显著减少也可能会降低芽产量。相反，像本氏针茅等优势丛生禾草在长期封育条件下会在草地上形成中空冠。因此，丛生禾草的外围分蘖节会通过产生更多的分蘖芽来补充，而在植株内部的枯芽不能再产生新的分蘖苗。

（三） 芽库在预测多年生草地对干扰响应中的作用

禾草类或杂类草功能群通过降低长期封育草地芽库的出苗率来降低茎秆密度。换言之，放牧会导致芽库的枯竭，增加地下芽库出苗的可能性，有助于弥补被食草动物采食破坏的部分，与 Dalgleish 和 Hartnett（2009）及 Qian 等（2015）的研究结果一致。干扰（火烧、刈割、放牧等）可能会刺激地下芽库的出苗（Tolvanen 等，2002），特别是草地生态系统对干扰的快速响应可能与芽库的补偿能力有关（Knapp 和 Smith，2001；Clarke 等，2013）。相反，在干扰程度相对较低的草地或是植物的地上部分未受损害的长期禁牧草地，植被更新主要来自于位于地上的分生组织（Tolvanen 等，2002；Huhta 等，2003）。

拥有大量芽库的多年生草地对放牧有将强的抵抗力。结果表明，研究区样地的分生组织限制指数值均大于 1，说明这三个样地均有足够的芽库用于生长季节的繁殖更新。此外，通过增加芽库密度，长期封育可提高对资源利用的缓冲能力。然而，Jing 等（2014）提出，在干旱和半干旱草原上，封育草地的生产力和物种丰富度在恢复初期增加，然后下降。遗憾的是，笔者未监测退化草地恢复初期阶段的芽库。因此，封育年限是一个值得重视的问题。在整个演替过程中，还需要对芽库动态进行进一步的研究。但应注意的是，对黄土高原典型草原而言，封育可能是恢复草地生产力和地下芽库的一种有效途径。

四、结论

放牧制约植物芽的生长，而长期封育能显著增加植物的芽和芽库规模，尤其是禾草类功能群。地上植被的变化与地下芽库的变化显著相关，禾草类功能群的芽库密度是反映地上植被生物量和茎秆密度的良好指标。封育显著提高了芽库密度和分生组织限制指数。因此，从笔者的研究中可以看出，在典型草原上，封育是恢复草地生产力和地下芽库的一种有效途径。拥有大量地下芽库的多年生草地对放牧干扰具有较强的抵抗力。笔者的研究结果表明，芽库可以指示地上群落的演替方向，另外封育可以扩大芽库规模，利于草地恢复。

第十章
长期封育对地上和地下物种多样性的影响

　　由过度放牧、乱垦乱挖等不合理的土地利用而引起的草地退化是黄土高原面临的严重环境问题之一（Zhang 等，2004；Zhou 等，2006）。植被恢复与重建是黄土高原生态治理的关键。人工植树造林和植被自然恢复是黄土高原坡面生态治理最主要的措施，然而种植造林的效果并不佳（Zhao 等，2003a，2003b）。有的学者提出生态系统的恢复应该依靠自然恢复而非人为干扰的观点（Bradshaw，2000），自然恢复已经成为退化草地恢复的一种有效途径（Wu 等，2010）。

　　封育对土壤种子库的密度、组成及其与地上植被的相似性有显著影响。例如，封育显著减少（McDonald 等，1996）或增加（Russi 等，1992；Bakoglu 等，2009）种子库密度，甚至对土壤种子库无影响（Ortega 等，1997；Meissner 和 Facelli，1999）。此外，放牧可以增加（Ungar 和 Woodell，1996）、减少（Jutila，1998）或不影响（Peco 等，1998）草地生态系统地上植被和土壤种子库物种组成的相似性。以往的研究集中在封育对地上植被生物量、演替和群落结构的影响，或短期封育对土壤种子库的影响（Spooner 等，2002；Lunt 等，2007；Jeddi 和 Chaieb，2010）。但有关长期封育对草地生态系统土壤种子库组成和密度的影响报道较少（Bakoglu 等，2009）。研究长期封育对地上和地下物种多样性的影响，对该地区生物多样性保护和植被恢复具有重要意义。

　　为研究长期封育（25 年）对黄土高原典型草原地上、地下物种组成和多样性的影响，笔者假设长期封育可显著提高地上和地下物种的多样性和密度。同时，开展地上和地下物种组成相似性的研究，来揭示研究区土壤种子库在群落更新中的作用。

一、材料与方法

（一） 试验方法

在试验区选择封育 25 年草地和放牧地。在封育地和放牧地各设置 6 个 $50m^2 \times 50m^2$ 的小区，小区至少间隔 50m。每个小区随机设置 3 个 $1m \times 1m$ 样方，样方间隔至少 15m。2007 年 4 月，此时幼苗尚未萌发，用直径为 9cm 的土钻在每个样方里随机取 5 钻，分 4 层取样（枯落物层、0～5cm、5～10cm 和 10～15cm），土层深度共为 15cm。笔者将枯落物层纳入研究范围，是由于长期封育导致了封育地积累大量的枯落物，且该层含有较多的种子。然后将同一层土样混合成为一个混合样，装袋，带回实验室供试。同年 7 月，以同样的方式从同一地区再次取样，这是本年度种子萌发停止后新种子尚未成熟时的取样。共取土壤样品 288 份（2 个样地×6 个样点×3 个样方×4 层×2 次），带回实验室风干保存至发芽试验开始。

2007 年 7 月进行植被采样，这是植物生长的高峰期。在每个土壤取样样方附近（距离约为 2m），设置 $1m^2 \times 1m^2$ 的样方进行地上植被调查。因此，在封育地和放牧地各设置 18 个样方，记录各样方的物种组成、盖度和地上生物量。

采用直接萌发法来测定土壤种子库的物种组成及大小，该方法可以检测出土壤种子库中 90％以上的物种。萌发之前，先将土样中的根、石头等杂物捡出，然后将土样均匀地平铺在萌发用的发芽盘（28cm×20cm×4cm）内，土样厚度约为 1.0cm。然后用 5 个填满无种子细沙的萌发盘作为对照，来监测是否有空中传播的种子污染萌发装置。萌发盘置于有自然光照条件的温室内（15～30℃），并适时洒水以保持土壤湿润。幼苗开始萌发后，逐日观察，用牙签标记，记录种子萌发情况。可以鉴定的幼苗立即进行鉴定，鉴定后立即拔除；无法鉴定的幼苗移栽到别的发芽盘内让其继续生长，直至能识别为止。定期翻土以促进种子萌发，直至连续 3 周无幼苗出现。再喷洒赤霉素来打破种子休眠，促进其萌发。最后直至连续 3 周土样中不再有种子萌发即可结束试验。土壤种子库密度用单位面积（1m²）内有活力的种子个数来表示。

（二） 数据分析

物种被归类到四个功能群：一年生杂类草、多年生禾草类、多年生杂类草和灌木。笔者的研究中未检测出一年生禾草类。

尽管 Shannon-Wiener 和 Simpson 指数经常被用作物种多样性指标，但它们并不是真正的物种多样性。在笔者的研究中，使用 Hill 指数来计算真正的多样性。Hill 被解释为"物种的有效数量"或"物种当量"（Hill，1973；Jost，2006）。Hill 计算如下：

$$^qD = \sum_{i=1}^{S} P_i^{q/c(1-q)}$$

式中，S 为物种数，P_i 为第 i 个物种的相对丰富度，q 为多样性测度的"序"。多样性指数的序决定了它对物种丰度差异的敏感性。当 $q=0$、1 和 2 时，Hill 为 3 种最流行的多样性指数提供了一个统一框架。一般地，^0D 为对物种丰富度完全不敏感，^1D 为群落中"常见"物种的数量，^2D 为群落中"非常丰富"或优势物种的数量，$^1D/^0D$ 或 $^2D/^0D$ 测量群落中物种均匀度。测度 ^0D 对应于物种丰富度（存在的物种总数），^1D 对应于 Shannon 指数，^2D 对应于 Simpson 的倒数。

用 Sørensen 指数计算封育地和放牧地，以及土壤种子库与地上植被之间的物种相似性。

$$IS = (\frac{2C}{A+B}) \times 100$$

式中，C 为两个样本中分别有物种数 A 和 B 的共有物种数。根据 Ortega 等（1997）、Funes 等（2003）和 Ma 等（2010）

的研究，笔者采用两次土壤种子库采样数据来分析种子库消耗。种子库消耗的计算如下：

$$种子库消耗＝(4月每小区的种子数量－$$
$$7月每小区的种子数量) /$$
$$4月每小区的种子数量$$

采用双因素方差分析，检验2种管理方式和6个采样小区对植被盖度、地上生物量、植物功能群的物种丰度、地上植被的物种多样性、土壤种子库密度、土壤种子库物种多样性的影响。为满足方差齐性，在分析前对数据进行对数转换。当 $P<0.05$ 时，差异显著。对6个采样小区平均值进行平均，得到每个样地平均值。以上所有统计分析均采用 SPSS16.0 软件。

二、结果与分析

（一） 地上植被的物种组成和物种多样性

在植被调查中，共记录53个物种、19个科。优势科为禾本科、蔷薇科和菊科。封育地记录47个种，放牧地记录42个种（表10-1）。两样地地上植被物种组成非常相似，共有35个物种。多年生植物是这两个样地地上植被的主要组成部分。结果表明，长期封育显著提高了多年生禾草类的多度（$F=7.859$，$P<0.05$），显著降低了一年生杂类草的多度（$F=17.971$，$P<0.001$)，但对灌木和多年生杂类草的多度影响不显著(图10-1)。

表 10-1 封育地和放牧地地上植被和土壤种子库的物种组成

科	物种	生活型	地上植被		土壤种子库	
			封育地	放牧地	封育地	放牧地
禾本科	本氏针茅 Stipa bungeana	PG	√	√	√	√
	大针茅 Stipa grandis	PG	√	√	√	√
	赖草 Leymus secalinus	PG	√	√	√	

（续）

科	物种	生活型	地上植被		土壤种子库	
			封育地	放牧地	封育地	放牧地
禾本科	硬质早熟禾 *Poa sphondylodes*	PG	√	√	√	√
	茅香 *Anthoxanthum nitens*	PG	√	√	√	√
	糙隐子草 *Cleistogenes squarrosa*	PG	√	√		
	扁穗冰草 *Agropyron cristatum*	PG		√		
蔷薇科	星毛委陵菜 *Potentilla acaulis*	PF	√	√	√	√
	中华委陵菜 *Potentilla chinensis*	PF	√	√		
	多茎委陵菜 *Potentilla multifida*	PF	√	√		
	二裂委陵菜 *Potentilla bifurca*	PF	√	√		
	翻白草 *Potentilla discolor*	PF	√	√	√	
	蛇莓 *Fragaria ananassa*	PF	√			
菊科	火绒草 *Leontopodium leontopodioides*	PF	√			
	白莲蒿 *Artemisia sacrorum*	S	√	√	√	
	阿尔泰狗娃花 *Heteropappus altaicus*	PF	√	√	√	√
	冷蒿 *Artemisia frigida*	PF	√	√	√	√
	猪毛蒿 *Artemisia scoparia*	AF	√	√	√	√
	茭蒿 *Artemisia giraldii*	PF	√	√		
	蒲公英 *Taraxacum mongolicum*	PF	√	√		
	凤毛菊 *Saussurea japonica*	AF	√	√	√	√
	飞廉 *Carduus acanthoides*	AF	√	√		
	魁蒿 *Artemisia princeps*	PF	√			
	中华苦荬菜 *Ixeris chinensis*	PF		√	√	√
	马兰 *Kalimeris indica*	PF		√		
	苦苣菜 *Sonchus oleraceus*	AF			√	

（续）

科	物种	生活型	地上植被		土壤种子库	
			封育地	放牧地	封育地	放牧地
伞形科	柴胡 *Bupleurum chinensis*	PF	√	√		
	田葛缕子 *Carum buriaticum*	PF	√			
	防风 *Saposhnikovia divaricata*	PF		√		
	迷果芹 *Sphallerocarpus gracilis*	PF		√	√	
豆科	黄耆 *Astragalus membranaceus*	PF	√	√		
	小叶锦鸡儿 *Caragana microphylia*	S	√			
	地角儿苗 *Oxytropis bicolor*	PF	√	√		
	花苜蓿 *Medicago ruthenica*	PF	√	√	√	√
	兴安胡枝子 *Lespedeza davurica*	S			√	√
	野豌豆 *Vicia sepium*	PF			√	√
	草木犀状黄耆 *Astragalus melilotoides*	PF			√	√
	尖叶铁扫帚 *Lespedeza juncea*	S				√
	野百合 *Crotalaria sessiliflora*	AF	√	√		
毛茛科	翠雀 *Delphinium grandiflorum*	PF	√	√	√	√
	瓣蕊唐松草 *Thalictrum petaloideum*	PF	√		√	
	野棉花 *Anemone vitifolia*	PF			√	√
百合科	野韭 *Allium ramosum*	PF	√	√		
	野葱 *Allium ledebouriaum*	PF	√			
唇形科	百里香 *Thymus mongolicus*	S	√	√	√	√
	香薷 *Elsholtzia ciliata*	AF	√	√	√	
	白花枝子花 *Dracocephalum heterophyllum*	PF			√	√
	薄荷 *Mentha haplocalyx*	PF			√	√
	风轮菜 *Clinopodium umbrosum*	PF				√
莎草科	大披针苔草 *Carex lanceolata*	PF		√		
	白颖苔草 *Carex rigescens*	PF	√	√		

（续）

科	物种	生活型	地上植被		土壤种子库	
			封育地	放牧地	封育地	放牧地
茜草科	猪殃殃 Galium aparine	PF	√			
	蓬子菜 Galium verum	PF	√			
	茜草 Rubia cordifolia	PF			√	√
瑞香科	瑞香狼毒 Stellera chamaejasme	PF	√	√		
橘梗科	长柱沙参 Adenophora stenanthina	PF	√	√		
报春花科	点地梅 Androsace umbellata	AF	√	√	√	√
龙胆科	鳞叶龙胆 Gentiana squarrosa	AF	√	√		
菫菜科	紫花地丁 Viola philippica	PF	√	√	√	√
远志科	远志 Polygala tenuifolia	PF	√	√		
石竹科	蚤缀 Arenaria serpyllifolia	AF	√			
玄参科	中国马先蒿 Pedicularis chinensis	AF	√		√	
	野胡麻 Dodartia orientalis	PF		√		
锦葵科	欧锦葵 Malva sylvestris	PF			√	√
藜科	藜 Chenopodium album	AF			√	
车前科	平车前 Plantago depressa	AF			√	
旋花科	田旋花 Convolvulus arvensis	PF			√	

注：PG，多年生禾草；PF，多年生杂类草；AF，一年生杂类草；S，灌木、小灌木。

双因素方差分析结果表明，采样小区对植被盖度的影响显著（$F=2.828$，$P<0.05$），而对地上生物量的影响不显著（$F=2.319$，$P>0.05$）。管理类型显著影响了植被盖度和地上生物量，但采样小区与管理类型之间的交互作用对植被盖度（$F=1.078$，$P>0.05$）与地上生物量的影响（$F=0.316$，$P>0.05$）不显著。长期封育可显著提高植被盖度［封育地和放牧地分别为（82.33±2.1）和（59.61±2.7）；$F=64.990$，$P<0.001$］和地上生物量

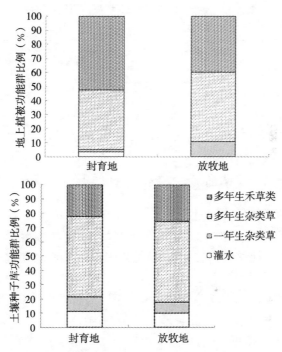

图 10-1 封育地和放牧地地上植被和土壤种子库
的四种功能群的相对多度变化

[封育地和放牧地分别为 (160.66 ± 9.43) g/m² 和 (77.29 ± 3.77)
g/m²；$F=117.096$，$P<0.001$）]。

　　当 $q=0$、1 和 2 时，封育地和放牧地地上植被的物种多样性
指数 ^qD 如表 10-2 所示。双因素方差分析结果表明，不同采样小
区间物种多样性差异不显著，但管理类型是一个重要因素。管理
类型与采样小区之间无交互作用。^1D、^2D、$^1D/^0D$ 和 $^2D/^0D$ 在封
育地均显著高于放牧地（$F=36.411$，$P<0.001$；$F=54.365$，
$P<0.001$；$F=50.611$，$P<0.001$；$F=31.717$，$P<0.001$），
但 ^0D 在封育地和放牧地间无统计学差异（$F=2.893$，$P>$
0.05）（表 10-2）。

**表 10-2　封育和放牧对地上植被和土壤种子库
的 Hill 多样性指数的影响**

样地	地上植被			土壤种子库		
	^0D	^1D	^2D	^0D	^1D	^2D
封育地	17.9 ± 0.82^a	10.9 ± 0.74^a	8.3 ± 0.80^a	9.6 ± 0.45^a	5.99 ± 0.45^a	4.64 ± 0.43^a
放牧地	16.3 ± 0.62^a	5.33 ± 0.59^b	3.2 ± 0.35^b	7.8 ± 0.39^b	5.44 ± 0.34^a	4.46 ± 0.31^a

注：同列上标不同小写字母表示处理间差异显著（$P<0.05$）。表 10-3 注释与此同。

（二）　土壤种子库的物种组成和物种多样性

在两个样地共检测到 5 141 株幼苗，属于 37 个种 16 个科。土壤种子库的优势科为禾本科、菊科、毛茛科和唇形科，其中 80%为多年生植物（表 10-1）。结果表明，放牧地和封育地的物种组成差异不大（图 10-1）。与地上植被相似，土壤种子库多样性指数在不同小区间差异不显著。小区与管理类型交互作用不显著。与放牧地相比，长期封育显著提高^0D（$F=11.857$，$P<0.05$），显著降低$^1D/^0D$（$F=6.286$，$P<0.05$）和$^2D/^0D$（$F=7.337$，$P<0.05$），但^1D（$F=0.463$，$P>0.05$）和^2D（$F=0.016$，$P>0.05$）无显著变化（表 10-2）。

（三）　土壤种子库密度

土壤种子库密度在各管理类型间差异极显著（$F=36.233$，$P<0.001$），但小区间差异不显著（$F=2.187$，$P>0.05$），且二者之间的交互作用不显著（$F=0.826$，$P>0.05$）。封育地土壤种子库密度为平方米（$2\,876.6\pm147.42$）种子，显著高于放牧地（$1\,614.7\pm159.35$）。

两个样地不同土层的土壤种子库密度如表 10-3 所示。土层深度对土壤种子库密度的影响显著，但小区及与土层深度的交互作用均影响不显著。不同土层的土壤种子库密度在封育地（$F=38.649$，

$P<0.001$）和放牧地（$F=34.481$，$P<0.001$）均差异显著。

种子在枯落物层、$0\sim5cm$、$5\sim10cm$ 和 $10\sim15cm$ 土层的占比分别为 28.6%、47.3%、16.1% 和 8.0%。种子主要存在于枯落物和 $0\sim5cm$ 土壤中，约占总种子数的 76%（表 10-3）。

封育地从 4 月到 7 月土壤种子库中种子消耗明显低于放牧地（$F=11.868$，$P<0.05$），且主要存在于枯落物层和 $0\sim5cm$ 土层（51.8%）。

表 10-3　封育地和放牧地不同土层的土壤种子库密度（种子/m^2）

样地	土层			
	枯落物层	$0\sim5cm$	$5\sim10cm$	$10\sim15cm$
封育地	979.0 ± 108.69^a	$1\,176.3\pm72.70^a$	491.7 ± 30.37^b	229.7 ± 24.37^c
放牧地	501.3 ± 77.53^b	758.9 ± 71.81^a	234.0 ± 34.06^c	120.5 ± 20.63^d

（四）　地上和地下物种相似性

地上植被与土壤种子库的物种组成相似性较低。封育地的 Sørensen 相似性指数略高于放牧地。此外，封育地和放牧地的地上和地下的物种组成相似性较高（表 10-4）。

表 10-4　封育和放牧对地上植被与土壤种子库相似性的影响

样地	地上植被相似性		土壤种子库相似性		地上植被与土壤种子库相似性	
	放牧地	封育地	放牧地	封育地	放牧地	封育地
放牧地	—	66.5	—	71.8	28.5	—
封育地	66.5	—	71.8	—	—	26.0

三、讨论

（一）　长期封育对地上植物群落的影响

在典型草原，减少人为干扰对植被盖度、地上生物量和物种多样性有显著和直接的影响。封育草地植被盖度和地上生物量显著增加的研究结果与 Jeddi 和 Chaieb（2010）、Wu 等（2010）一致。封育地地上植被的 ^1D 和 ^2D 多样性指数高于放牧地，说明长期封育增加了地上植被中"常见"或"非常丰富"物种的数量。此外，我们发现封育地呈现出更高的物种均匀度（$^1D/^0D$ 和 $^2D/^0D$），但是物种丰富度与放牧地却差异不显著（^0D）。放牧地和封育地有大量的共同物种，因此二者之间有较高的物种相似性。可见，长期封育导致地上植被物种组成变化不明显。在华盛顿东部草甸恢复中，放牧地和封育地的物种植物组成变化不明显（Beebe 等，2002）。Lunt 等（2007）也指出，封育对草地物种组成的影响较小，且随着封育时间的延长，封育地和放牧地的物种组成差异并不增加，这与笔者的研究结果一致。

长期封育对植被盖度、地上生物量和物种均匀度的显著正效应可能是封育后土壤条件（土壤有机碳储量、土壤氮储量和水分入渗率等）的改善，有利于草本植物的繁殖和发育（Jeddi 和 Chaieb，2010；Wu 等，2010）。Shang 等（2008）、Ma 等（2009）、Mayer 等（2009）、Jeddi 和 Chaieb（2010）等都报道封育草地提高了 Shannon-Wiener 物种多样性指数，但是 Proulx 和 Mazumder（1998）、Dullinger 等（2003）却得出了相反的结果。到目前为止，草地生态系统中物种多样性对放牧的响应还未有统一研究结论。这些响应可能是积极的，也可能是消极的。结果为什么不同？Zhang（1998）指出，放牧或封育对物种多样性的影响取决于植被的资源分配和竞争格局。Olff 和 Ritchie（1998）也指出，这种影响取决于生境特征（土壤肥力和土壤水分）的区域变化。

（二） 长期封育对土壤种子库的影响

长期封育显著增加了土壤种子库的物种丰富度（^0D）和密度，但显著降低了物种均匀度（$^1D/^0D$ 和 $^2D/^0D$），表明长期封育在草原恢复中发挥了重要作用。相比之下，持续放牧导致土壤种子库的物种丰富度和密度降低。在其他草地类型上也发现了封育和放牧对土壤种子库影响显著（Russi 等，1992；McDonald 等，1996；Jutila，1998；Liu 等，2009）。这种增长可以用两个原因来解释。首先，放牧可以通过减少用于生殖枝的繁殖分配或通过直接采食而导致种子产量的大幅下降（Sternberg 等，2003），因此封育可以确保更多种子输入土壤种子库。其次，长期封育增加了枯落物厚度和生物量。Cheng 等（2006）发现，黄土高原典型草原枯落物厚度增加至 3.5cm，其中 51.3％的种子包含在枯落物中。Comins（1982）认为，枯落物可以为种子提供庇护，避免被牲畜采食和被雨水冲走。因此，封育地的枯落物导致土壤种子库物种丰富度和密度的增加。正如笔者的研究结果，封育地的枯落物中包含的种子比放牧地多。

长期封育对土壤种子库的物种多样性有重要影响，但没有显著增加 ^1D 和 ^2D。地下物种多样性对封育或放牧的响应是复杂的。长期封育增加了土壤种子库中常见的或非常丰富的物种，从而降低了物种的均匀度。然而，一些研究表明，封育对一年生草地群落土壤种子库物种多样性的影响很小（Meissner 和 Facelli，1999）。不同研究结果可能是由研究区多年生植物相对优势的差异引起的。

土壤种子库 4 月到 7 月种子的消耗主要是由种子萌发、家畜捕食和种子腐烂引起的。首先，在封育条件下，牲畜对土壤的扰动越小，种子发芽和被吃掉的概率就越少（Edwards 和 Crawley，1999）。其次，在放牧地，家畜主要践踏表层土壤，采食土壤表层的种子。在封育地，厚枯落物为种子萌发提供了良好的水热条件，而种子库的耗竭主要存在于枯落物和表层土壤中。最后，封育地和放牧地的土壤种子库相似性指数较高。长期放牧未显著改变土壤种子库的物种组成，说明放牧地的恢复不受物种限制。Ma 等（2009）的研究表明，青藏高原东部封育与退化高寒草甸中土壤种子库的 Sørensen 相似性指数较高（84.6%）。Zhan 等（2007）也报道了放牧地和封育地的土壤种子库物种组成较为相似，优势种也相同。放牧地和封育地之间高的相似性可能是由研究区域的生产力低引起的。Mayer 等（2009）指出，土壤种子库对封育的响应依赖于草地生产力，在低生产力草地上，放牧地和封育地之间的相似性更高。

（三） 地上和地下物种组成的相似性

典型草原土壤种子库与地上植被的相似性较低，这与 Edwards 和 Crawley（1999）的研究结果一致。土壤种子库与地上植被的相似性较低的主要原因可能是草地群落中多年生植物占优势。在其他以多年生植物为主的草原上也有类似的报道（Jutila，1998；Peco 等，1998）。相比之下，一年生植物占优势的草地群落地上植被与种子库的相似性较高（Ungar 和 Woodell，1996；Chang 等，2001）。在以多年生植物为主的草地上，多年生植物主要依靠营养繁殖，种子产量低，对土壤种子库的形成贡献较小。

封育或放牧对土壤种子库与植被相似性的影响很小。封育地与放牧地之间的土壤种子库与地上植被的相似性无显著差异，这与 Osem 等（2006）的结果一致，他们发现放牧在低生产力草地不影响二者之间的相似性。但是，笔者的研究结果表明放牧地的土壤种子库与植被相似性可能略高于封育地。Milberg 和 Hanson（1993）也指出，在人为干扰地和放牧地，土壤种子库与植被具有更高的相似性。然而，Jutila（1998）研究表明，放牧地的土壤种子库与植被相似性比封育地小。放牧地的繁殖可能更依赖于土壤种子库。Wu 等（2011）提出，放牧增加了有性繁殖，减少了无性繁殖。

四、结论

影响土壤种子库与植被相似性高低的主要因素是为群落是一

年生植物或多年生植物占优势。管理类型对本研究区多年生草地土壤种子库与地上植被相似性的影响较小。但是，随着封育时间的增加，土壤种子库的发育可能会滞后于地上植被物种多样性的增加。长期封育是黄土高原保护物种多样性和恢复植被的有效途径，但这一影响过程可能是漫长的。在该地区退化草地通过封育进行自然恢复的潜力是巨大的。

第十一章

不同干扰方式对典型草原地下芽库的影响

草原在畜牧业发展和生态环境保护中具有不可替代的作用。草原是陆地生态系统中最大的碳库，并被公认为是最为有效的生物固碳方式。草原生态系统碳库变化对全球碳平衡有着很重要作用（Piao 等，2009）。草地土壤对全球环境的变化也有重要影响（Wright 等，2004）。干扰对草原生态系统产生了重要影响，不同的干扰方式对物种个体、种群动态、群落结构和生物多样性的影响不同（Valonea 和 Keltb，1999；Louault 等，2005；Hobbs 等，2007）。当干扰强度较大时，植物的繁殖方式可能从种子繁殖转变为无性繁殖。特别是对从多年生草地而言，通过芽库进行的无性繁殖显得尤为重要。为了预测植被对干扰的响应，有必要了解草原生态系统中芽库的数量统计学信息。目前，有关干扰对典型草原群落影响的研究集中于植被演替、群落结构、土壤性质和土壤种子库方面（Cheng 等，2011；Zhao 等，2011；Wu 等，2014），但不同干扰方式对地下芽库影响的报道较少。

芽库是分生组织的潜在种群，是由植物地下芽库形成的休眠分生组织（芽）的集合（Klimešová 和 Klimeš，2007）。在多年生草地中，地上植被的季节变化和种群动态更依赖于芽库而非土壤种子库（Hartnett 等，2006；Klimešová 和 Klimeš，2008）。芽库可能是多年生草地受到干扰后地上植被更新的重要来源（Dalgleish 和 Hartnett，2009），可以反映种群在受到干扰或环境胁迫时的更新情况，在一定程度上可以用来预测群落动态（Dalgleish 和 Hartnett 2006，2009；Dalgleish 等，2008；Li 和 Yang，2011；Carter 等，2012）。此外，不同的芽库类型可能对干扰的响应不同（Qian 等，2015）。虽然从群落水平的角度已经研究过芽库对干扰的响应（Benson 等，2004；Benson 和 Harnett，2006），但是对于不同芽库类型的相对贡献却知之甚少。

　　为了了解不同干扰（放牧和火烧）对多年生草地芽库数量的影响，本文对黄土高原典型草原芽库数量进行了实地调查统计。具体目标是：①评估放牧、封育和火烧对典型草原群落芽库密度的影响；②研究放牧、封育和火烧对不同芽库类型密度的影响；③评估不同芽库类型的相对贡献率。希望能进一步了解典型草原不同干扰方式下芽库和群落动态的潜在机制，为黄土高原典型草原的保护和合理管理提供参考。

一、材料与方法

（一）　试验方法

　　该区草地从 1991 年开始陆续用铁丝网围封禁止继续放牧，因此大部分草地到 2014 年，即采样时已封育 20 多年。然而，根据当地管理者提供的信息，2013 年冬季该封育区草地小面积意外发生了火烧，大火过后的草地依然采取封育措施管理。在围栏外，草地仍然适度放牧利用，以满足当地畜牧业发展的需求。在笔者的研究中，选取了 2013 年火烧地、封育和放牧草地 3 个群落，研究了放牧、封育和火烧 3 种干扰方式对草地芽库的影响。

　　2014 年 7 月中旬进行野外芽库调查采样，这时正是植物生长的高峰期，即生物量达到最大值。调查采用单位面积挖掘取样法（Qian 等，2015）。在每个样地，随机选取 5 个小区（50m×50m）进行芽库采样。在每个小区，随机选取 6 个 25cm×25cm的样方，样方之间至少距离 50m。每个样地共设置 30 个样方进行芽库调查，取样深度 25cm。取样时将样方内地上部分茎枝连同地下部分（根茎和根蘖等）一起挖出，用清水轻轻冲洗干净装入塑料袋带回实验室。注意保持地上植株与地下器官及全部营养芽的自然联系，以便鉴定与统计。

　　植被采样时间为 2014 年 8 月初。在每个芽库采样的样方附近，设置另一个 50cm×50cm 的样方进行植被调查。因此，笔者的试验共设置 30 个样方来研究不同样地的植物群落。每个样方测量了物种组成、数量、丰富度、高度、物种盖度和群落盖度。每个样方按物种剪下植株，80℃干燥 48h 后称重。物种的重要度为相对密度、相对高度和相对生物量的平均值。根据 Raunkiaer（1907）将其分为高位芽植物类、地上芽植物、地面芽植物、地下芽植物和一年生植物。

芽库鉴定和计数采用 Dalgleish 和 Hartnett（2006，2009）方法。在解剖显微镜下，根据芽形态和芽所附着根系的形态鉴定芽库类型。笔者只统计明显的芽，可能形成根的分生组织不予统计。不同类型的植物需要不同的鉴定技术：对于游击型植物，通过肉眼即可辨认根茎上、根蘖上和匍匐茎上的芽；而需要借助解剖镜对位于丛生型植物基部的分蘖芽和根颈芽来鉴定芽的类型和数量。笔者根据植物芽所在的器官库进一步将芽分为分蘖芽、根蘖芽、根茎芽和根颈芽四类，忽略不计偶尔出现的其他芽类型。

（二） 数据分析

采用单因素方差分析分析了不同干扰方式对总芽库密度和各芽库类型密度的影响。使用 Tukey's HSD 进行多重比较。当采用 Shapiro Wilk test 和 Levene's test 时，所有变量均满足统计假设（残差正态性、方差齐性和数据线性），分别采用夏皮罗威尔克检验和莱文检验进行检验。相同字母表示无显著差异（$P \geqslant 0.05$）。采用 SPSS16.0 进行统计分析。

二、结果与分析

（一） 不同干扰方式对草地群落特征的影响

笔者共记录 59 种植物（有些物种会同时出现在每个样地），

其中放牧地 44 种、封育地 38 种、火烧地 34 种。物种数最多的科为菊科（16）、禾本科（9）、蔷薇科（6）。根据植物的重要值，放牧地以大针茅、苔草、茅香为优势种，2013 年火烧地以大针茅、北方还阳参、大针茅、茅香为优势种，封育地以大针茅、本氏针茅、猪毛蒿为优势种。因此，干扰方式改变了草地地上植被的物种组成（表 11-1）。

表 11-1　不同干扰方式下草地群落物种重要值变化

物种	科	生活型	重要值		
			放牧地	封育地	火烧地
本氏针茅 *Stipa bungeana*	禾本科	半隐芽植物	2.69	8.80	6.73
大针茅 *Stipa grandis*	禾本科	半隐芽植物	7.49	7.19	3.90
赖草 *Leymus secalinus*	禾本科	地下芽植物	1.89	3.13	2.76
茅香 *Anthoxanthum nitens*	禾本科	地下芽植物	6.95	2.62	6.41
硬质早熟禾 *Poa sphondylodes*	禾本科	半隐芽植物	2.07	1.75	1.59
散穗早熟禾 *Poa subfastigiata*	禾本科	地下芽植物	2.78	2.85	2.20
披碱草 *Elymus dahuricus*	禾本科	地下芽植物		4.54	3.11
扁穗冰草 *Agropyron cristatum*	禾本科	地下芽植物		6.27	
糙隐子草 *Cleistogenes squarrosa*	禾本科	半隐芽植物	1.23		
猪毛蒿 *Artemisia scoparia*	菊科	一年生植物	5.16	1.52	1.36
密毛白莲蒿 *Artemisia sacrorum* Ledeb. var. messerschmidtiana	菊科	地上芽植物	4.81	5.57	5.69
火绒草 *Leontopodium leontopodiaoides*	菊科	半隐芽植物	2.33	2.04	2.43
翼茎风毛菊 *Saussurea alata*	菊科	半隐芽植物	1.77	1.99	1.45
阿尔泰狗娃花 *Heteropappus altaicus*	菊科	半隐芽植物	3.44	4.47	4.80
飞廉 *Carduus acanthoides*	菊科	半隐芽植物	0.95	1.11	1.19
甘菊 *Chrysanthemum lavandulifolium*	菊科	半隐芽植物	2.86	4.00	6.29
北方还阳参 *Crepis crocea*	菊科	半隐芽植物	1.27	2.83	6.20
黄花蒿 *Artemisia annua*	菊科	一年生植物			1.50

（续）

物种	科	生活型	重要值		
			放牧地	封育地	火烧地
茭蒿 *Artemisia giraldii*	菊科	半隐芽植物		1.83	
翼茎风毛菊 *Saussurea alata*	菊科	半隐芽植物		2.25	
冷蒿 *Artemisia frigida*	菊科	半隐芽植物	0.71		
中华苦荬菜 *Ixeris chinensis*	菊科	半隐芽植物	1.57		
山苦荬 *Ixeris denticulata*	菊科	一年生植物	0.86		
苦苣菜 *Sonchus oleraceus*	菊科	一年生植物	0.91		
二裂委陵菜 *Potentilla bifurca*	蔷薇科	半隐芽植物	1.31	2.75	2.36
多茎委陵菜 *Potentilla multicaulis*	蔷薇科	地下芽植物	4.08	1.83	
委陵菜 *Potentilla chinensis*	蔷薇科	半隐芽植物	1.67		0.53
伏毛山莓草 *Sibbaldia adpressa*	蔷薇科	半隐芽植物	0.95		
星毛委陵菜 *Potentilla acaulis*	蔷薇科	半隐芽植物	2.79		
西山委陵菜 *Potentilla sischanensis*	蔷薇科	地下芽植物	1.00		
青海苜蓿 *Medicago archiducis-nicolai*	豆科	半隐芽植物	3.05	1.79	1.84
黄毛棘豆 *Oxytropis ochranthd*	豆科	半隐芽植物	1.10		
多叶棘豆 *Oxytropis myriophylla*	豆科	半隐芽植物	3.04		
小果黄芪 *Astragalus tataricus*	豆科	半隐芽植物	1.96		
直立点地梅 *Androsace erecta*	报春花科	一年生植物		1.56	1.56
西藏点地梅 *Androsace mariae*	报春花科	地下芽植物		1.01	
大苞点地梅 *Androsace maxima*	报春花科	一年生植物	1.75		
百里香 *Thymus mongolicus*	唇形科	地上芽植物	3.16	2.87	0.93
多毛并头黄芩 *Scutellaria scordifolia*	唇形科	半隐芽植物	0.79	1.56	2.35
百花栀子花 *Dracocephalum heterophyllum*	唇形科	半隐芽植物	1.81		
柴胡 *Bupleurum chinense*	伞形科	半隐芽植物	1.77	0.92	2.27

（续）

物种	科	生活型	重要值		
			放牧地	封育地	火烧地
迷果芹 Sphallerocarpus gracilis	伞形科	半隐芽植物		1.51	
田葛缕子 Carum buriaticum	伞形科	半隐芽植物		3.11	
裂叶堇菜 Viola dissecta	堇菜科	半隐芽植物	1.10	1.39	1.24
紫花地丁 Viola philippica	堇菜科	半隐芽植物	1.06	0.63	1.23
长柱沙参 Adenophora stenanthina	橘梗科	半隐芽植物		1.59	1.85
细叶沙参 Adenophora capillaric	橘梗科	半隐芽植物		1.69	1.50
秦艽 Gentiana dahurica	龙胆科	半隐芽植物	2.87		1.23
鳞叶龙胆 Gentiana squarrosa	龙胆科	一年生植物	1.04		
猪毛菜 Salsola collina	藜科	一年生植物		1.31	
野韭 Allium ramosum	葱科	地下芽植物	1.37	1.55	
瓣蕊唐松草 Thalictrum petaloideum	毛茛科	半隐芽植物			3.10
蓬子菜 Galium verum	茜草科	半隐芽植物		2.62	2.78
岩败酱 Patrinia rupestris	败酱科	半隐芽植物			12.68
狼毒 Stellera chamaejasme	瑞香科	半隐芽植物	1.21	1.55	1.17
干生苔草 Carex aridula	莎草科	地下芽植物	6.43	3.20	2.52
蚓果芥 Torularia humilis	十字花科	半隐芽植物		0.79	
角茴香 Hypecoum erectum	罂粟科	一年生植物	1.74		
远志 Polygala tenuifolia	远志科	半隐芽植物	1.23		1.26

　　不同干扰类型的草地生活型谱均以地面芽植物为主。放牧地和封育地以地下芽植物、一年生植物和地上芽植物为主，火烧地以地下芽植物和地上芽植物为主。不同干扰方式改变了植物群落的生活型谱。与封育地相比，放牧和火烧干扰都增加了地面芽植物的比例（表 11-2）。

表 11-2　不同干扰方式下草地群落生活型谱的变化

样地	地上芽植物	半隐芽植物	地下芽植物	一年生植物
放牧地	4.5	61.4	15.9	18.2
封育地	9.5	54.8	16.7	19.0
火烧地	8.3	58.3	22.2	11.2

干扰方式对草地群落总盖度（$F=26.66$，$P<0.05$）、密度（$F=35.82$，$P<0.05$）、地上生物量（$F=29.65$，$P<0.05$）和物种丰富度（$F=6.917$，$P<0.05$）的影响显著。与封育地相比，放牧地和火烧地的群落总盖度和物种丰富度均显著下降，密度显著增加。放牧地的地上生物量显著下降，但封育地和火烧地之间的地上生物量差异不显著（表 11-3）。

表 11-3　不同干扰方式下草地群落结构的变化

参数	放牧地	封育地	火烧地
盖度（%）	76 ± 2^a	93 ± 1^b	79 ± 1^a
密度（个/m²）	406 ± 36^b	215 ± 15^c	611 ± 41^a
地上生物量（g/m²）	193.65 ± 9.74^b	456.77 ± 31.18^a	487.20 ± 39.60^a
物种丰富度	13.8 ± 0.4^a	16.6 ± 0.9^b	13.2 ± 0.5^a

注：同行上标不同小写字母表示处理间差异显著（$P<0.05$）。

（二）　芽库总密度

典型草原在不同干扰方式下的总芽库密度如图 11-1 所示。不同干扰方式对芽库总密度的影响显著（$F=17.09$，$P<0.05$）。与封育地相比，放牧地的总芽库密度显著降低，火烧地的总芽库密度显著增加。

（三）　不同芽库类型的密度

分蘖芽对芽库的贡献在 3 个草地群落中均占主导地位。不同

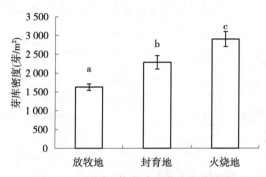

图 11-1　不同干扰方式下芽库密度变化

注：图中不同小写字母表示处理间差异显著（$P<0.05$）。

干扰方式对分蘖芽、根颈芽和根茎芽的密度有显著影响（$F=$ 12.52，$P<0.05$）。与封育地相比，放牧显著降低了分蘖芽的密度。封育地和放牧地之间的根颈芽、根茎芽和根蘖芽密度差异不显著。此外，火烧地的根颈芽和根茎芽密度显著高于封育地。与封育地相比，火烧降低了分蘖芽密度，增加了根蘖芽密度，但差异不显著（表 11-4）。

表 11-4　不同干扰方式下无性繁殖密度变化（株/m²）

干扰措施	分蘖芽	根茎芽	根蘖芽	根颈芽
放牧	789±49[a]	177±35[a]	96±26[a]	563±84[ab]
封育	1 545±141[b]	241±51[a]	158±52[a]	338±93[a]
火烧	1 428±159[b]	542±166[b]	220±68[a]	702±112[b]

注：同列上标不同小写字母表示处理间差异显著（$P<0.05$）。

（四）　不同芽库类型比例

研究表明，3 种草地群落中分蘖芽占总芽库比例最大，占到 49%～69%。芽库比例顺序如下：分蘖芽＞根颈芽＞根茎芽＞根蘖芽。放牧降低了分蘖芽的比例，封育增加了根颈芽的比例，但根茎芽和根蘖芽的比例变化不明显。与封育地相比，火烧降低了分蘖芽的比例，增加了根颈芽和根茎芽的比例，但根蘖芽比例变化不明显（图 11-2）。

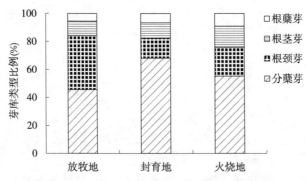

图 11-2　不同干扰方式对不同类型芽比例的影响

三、讨论

（一）　不同干扰措施对芽库密度的影响

笔者研究结果表明，与封育地相比，放牧显著降低了芽库总密度。有些研究发现，放牧会导致芽库枯竭，增加芽库中芽萌发的概率（Dalgleish 和 Hartnert，2009；Qian 等，2015）。此外，笔者也发现放牧显著增加地上植被密度。因此，在放牧地，大部分芽可能在生长季之前产生，在放牧之后这些芽快速生长，进行补偿生长。Huhta 等（2003）发现，将植株主茎的顶端（50％的修剪）去除，会导致龙胆草从底部产生较多的分枝。Klimešová 和 Klimeš（2003）认为，干扰可能会刺激植物再生，从而提高地下芽库的抗火烧能力。因此认为，在黄土高原典型草原上，植被对放牧干扰的响应可能是通过调节芽库数量来实现的。

笔者发现，火烧后多年生草地的总芽库密度和植被密度均显著增加，与 Hartnett（1991）的研究结果一致，他指出草原松果

菊 *Ratibida columnifera* 在火烧后繁殖迅速。然而 Choczynska 和 Johnson（2009）发现，火烧对 3 个高草种 *Andropogon gerardii*、*Panicum virgatum* 和 *Sorghastrum nu-tans* 的地下芽库并没有显著影响。当前研究扩展了物种特异性结果，证明火烧会刺激芽的产生，并导致整个群落芽库密度的增加。在该地区，2013 年冬季火烧不仅没有影响芽库中芽的存活，反而显著增加了芽库中的芽的数量。Zhao 等（2013）提出，火烧显著增加了无性繁殖，无性繁殖对该地区火烧后地上植被的快速恢复起着至关重要的作用。2013 年火烧地植被密度有所增加。由此得出结论：从芽库中萌发的幼苗可以很好地解释典型草原对火烧的响应（Wu 等，2014）。因此，拥有大量芽库的草地可能是火烧后恢复最快的草地，而封育草地在生长季可以保持较大的芽库。

（二） 不同芽库类型密度对不同干扰方式的响应

放牧对分蘖芽密度有显著的负面影响，但对根颈芽、根茎芽和根蘖芽的密度无显著影响。笔者的结果与 Dalgleish 和 Hartnett（2009）的一致。研究表明，与封育草原相比，放牧显著降低了草芽库密度，但对杂类草芽密度没有影响。一方面，放牧直接降低了优势草本氏针茅的重要价值，甚至使披碱草和冰草消失；另一方面，放牧可能导致丛生草分蘖芽产量下降。一些研究证明，由于有放牧或落叶压力，垂穗草（胡枝子属）分蘖芽的产量和特定草种的生存能力下降（Hendrickson 和 Briske，1997），沙生冰草（沙参属）及穗状冰草的生存能力降低（Busso 等，1989）。分蘖芽的高损失率、低生长率及生物量积累造成的低发芽率使得放牧条件下分蘖芽库密度降低。

此外，笔者研究结果表明，火烧后根颈芽、根茎芽和根蘖芽的密度增加，但根蘖芽的增加没有统计学意义。在高草草原中发现了类似的效应（Benson 和 Hartnett，2004）。有几种机制可以解释这种现象。第一，火烧和土壤条件的变化对这 3 种地下芽的存活无显著影响。Choczynska 和 Johnson（2009）提出，芽的致死温度为地下 2cm 以上，至少有 30％的根茎芽在火烧致死温度以下。第二，火烧降低了优势禾本科草的竞争活力，使稀有物种和不耐荫的物种能够生长。例如，在火烧草地上，岩败酱、北方还阳参、瓣蕊唐松草等物种迅速生长。第三，也可能与火烧有关，火烧为芽的产生和芽库的形成提供了有利的光环境及养分。一些研究发现，添加营养物质会增加根茎芽的数量，如 *Rumex acetosella*（Klimeš 和 Klimešová，1999）和 *Hieracium florentinum*（Peterson，1979）。此外，Dong 和 Pierdominici（1995）表明，3 种生长方式的芽均为匍匐茎型禾本科，匍匐剪股颖、绒毛草和狗牙根。在更高的光照水平下，这些草类的芽数都显著增加。结果表明，火烧胁迫具有较高的空间异质性，有利于伴生种芽的发育。因此，在典型的草原植物群落中，火烧干扰可能是保持较高芽库密度的一种很好的管理方法。

（三） 不同芽库类型的相对贡献

在笔者的研究中，分蘖芽对芽库的贡献在 3 个群落中均占主导地位。同样，在地上植被中，地面芽植物占总植物物种的百分比最高。因此，分蘖芽库构成物种组成。一方面，产生分蘖芽的丛生禾草具有较强定植能力，在典型草原群落中占主导地位，如禾本科和大麦草。另一方面，在典型的草原上，丛生禾草具有加大的芽库，如丛生的麦草（沙蒿）可能在分蘖茎基部产生 12 个芽。在该地区，笔者发现优势种本氏针茅在分蘖茎基部亲本分蘖可产生 54 个芽。因此，笔者的研究数据表明，在不受干扰的情况下，分蘖芽在总芽库占较大比例。

四、结论

放牧和火烧对草地芽库数量的影响显著，放牧降低芽库密度，火烧提高芽库密度。在各种干扰措施下，分蘖芽均占优势。储备大量芽的草原可能是最抗干扰的，而封育是一种有效的草原管理措施，可以在黄土高原典型草原上保留大量芽。

参考文献

白日军，杨治平，张强，等，2016. 晋西北不同年限小叶锦鸡儿灌丛土壤氮矿化和硝化作用 [J]. 生态学报，36（24）：8008-8014.

班嘉蔚，殷祚云，张倩媚，等，2008. 广东鹤山退化草坡从草本优势向灌木优势演变过程中的生态特征 [J]. 热带地理，28（2）：129-133.

柴华，方江平，温丁，等，2014. 内蒙古灌丛化草地取样位置对评估土壤碳氮贮量的影响 [J]. 草业学报，23（6）：28-35.

陈璟，2010. 莽山自然保护区南方铁杉种群物种多样性和稳定性研究 [J]. 中国农学通报，26（12）：81-85.

陈蕾伊，沈海花，方精云，2014. 灌丛化草原：一种新的植被景观 [J]. 自然杂志，6：391-396.

陈子萱，田福平，郑阳，2011. 施肥对玛曲高寒沙化草地主要植物种生态位的影响 [J]. 草地学报，19（4）：884-888.

程积民，杜峰，万惠娥，2000. 黄土高原半干旱区集流灌草立体配置与水分调控 [J]. 草地学报，8（3）：210-219.

程积民，万惠娥，杜锋，2001. 黄土高原半干旱区退化灌草植被的恢复与重建 [J]. 林业科学，37（4）：50-57.

程积民，万惠娥，胡相明，2006. 黄土高原草地土壤种子库与草地更新 [J]. 土壤学报（4）：679-683.

程积民，万惠娥，王静，等，2003. 半干旱区不同整地方式与灌草配置对土壤水分的影响 [J]. 中国水土保持科学，1（3）：10-14.

程杰，呼天明，程积民，2010. 黄土高原半干旱区云雾山封禁草原30年植被恢复对气候变化的响应 [J]. 生态学报，30（10）：2630-2638.

范燕敏，武红旗，靳瑰丽，等，2018. 封育对荒漠草地生态系统 C、N、P 化学计量特征的影响 [J]. 中国草地学报，40（3）：76-81.

付为国，李萍萍，卞新民，等，2007. 镇江内江湿地植物群落演替动态研究 [J]. 长江流域资源与环境，16（2）：163-168.

高琼，刘婷，2015. 干旱半干旱区草原灌丛化的原因及影响-争议与进展 [J].干旱区地理，38（6）：1202-1212.

关林婧，梅续芳，张媛媛，等，2016. 狭叶锦鸡儿灌丛沙堆土壤水分和肥力的时空分布 [J]. 干旱区研究，33（2）：253-259.

贺郝钰，苏洁琼，黄磊，等，2011. 火因子对荒漠化草原草本层片植物群落组成的影响 [J]. 生态学报，31：364-370.

侯建秀，张元明，陶冶，等，2011. 沙漠水渠人工固沙区沙篙和沙拐枣灌丛的土壤水分特征对比 [J]. 干旱地区农业研究，29（4）：164-167，173.

侯学煜，1987. 中国温带干旱荒漠区植被地理分布 [J]. 植物学集刊（2）：37-66.

胡相明，程积民，万惠娥，2006. 黄土丘陵区人工林下草本层植物的结构特征 [J]. 水土保持通报，26（3）：41-45.

胡正华，钱海源，于明坚，2009. 古田山国家级自然保护区甜槠林优势种群生态位 [J]. 生态学报，29（7）：3670-3677.

靳虎甲，马全林，何明珠，等，2013. 石羊河下游白刺灌丛演替过程中群落结构及数量特征 [J]. 生态学报，33（7）：2248-2259.

井光花，2017. 黄土高原半干旱区草地群落结构和功能对管理措施的响应特征 [D]. 北京：中国科学院大学.

井光花，程积民，苏纪帅，等，2015. 黄土区长期封育草地优势物种生态位宽度与生态位重叠对不同干扰的响应特征 [J]. 草业学报，24（9）：43-52.

李斌，李素清，张金屯，2010. 云顶山亚高山草甸优势种群生态位研究 [J].草业学报，19（1）：6-13.

李从娟，马健，李彦，2009. 五种沙生植物根际土壤的盐分状况 [J]. 生态学报，29（9）：4649-4655.

李海涛，刘小丹，张克斌，等，2016. 宁夏盐池南海子湿地交错带判定及植被稳定性分析 [J]. 草业科学，33（12）：2544-2550.

李小军，高永平，2012. 腾格里沙漠东南缘沙质草地灌丛化对地表径流及氮流失的影响 [J]. 生态学报，32（24）：7828-7835.

李晓波，周道玮，姜世成，1997. 火因子对松嫩羊草草原植物多样性的影响 [J]. 草业科学，14：57-59.

梁少民，吴楠，王红玲，等，2005. 干扰对生物土壤结皮及其理化性质的影响 [J]. 干旱区地理，28 (6)：818-823.

梁月明，苏以荣，何寻阳，等，2018. 喀斯特地区不同坡位条件下优势灌木根际与非根际土壤养分与 pH 的分布特征 [J]. 中国岩溶，37 (1)：53-58.

刘伟，程积民，高阳，等，2012. 黄土高原草地土壤有机碳分布及其影响因素 [J]. 土壤学报，49 (1)：68-76.

刘志民，1992. 木岩黄芪的繁殖特点及其与沙生适应性的关系 [J]. 植物生态学与地植物学学报，16 (2)：136-142.

刘钟龄，王炜，李政海，1993. 火生态因子对草原的效应及有计划用火的研究 [J]. 干旱区资源与环境 (2)：48-51.

陆婷婷，翟夏杰，刘晓娟，等，2014. 施肥、灌溉及火烧对荒漠草原土壤养分和植物群落特征的影响 [J]. 中国草地学报，36：57-60，66.

马海天才，张家成，刘峰，2018. 川西北 4 种灌丛根系分布特征及对土壤养分的影响 [J]. 江苏农业科学，46 (11)：222-227.

彭海英，李小雁，童绍玉，2013. 内蒙古典型草原灌丛化对生物量和生物多样性的影响 [J]. 生态学报，33 (22)：7221-7229.

盛茂银，熊康宁，崔高仰，等，2015. 贵州喀斯特石漠化地区植物多样性与土壤理化性质 [J]. 生态学报，35 (2)：434-448.

史晓晓，程积民，于飞，等，2014. 云雾山天然草地 30 年恢复演替过程中优势草种生态位动态 [J]. 草地学报，22 (4)：677-684.

史作民，程瑞梅，刘世荣，1999. 宝天曼落叶阔叶林种群生态位特征 [J]. 应用生态学报，10 (3)：265-269.

宋启亮，董希斌，李勇，等，2010. 采伐干扰和火烧对大兴安岭森林土壤化学性质的影响 [J]. 森林工程，26 (5)：4-7.

苏纪帅，赵洁，井光花，等，2017. 半干旱草地长期封育进程中针茅植物根系格局变化特征 [J]. 生态学报，37 (19)：6571-6580.

田宁宁，张建军，茹豪，等，2015. 晋西黄土区水土保持林地的土壤水分和养分特征 [J]. 中国水土保持科学，13 (6)：65-71.

王长庭，王启兰，景增春，等，2008. 不同放牧梯度下高寒小嵩草草甸植被根系和土壤理化特征的变化 [J]. 草业学报，17（5）：9-15.

王晓岚，卡丽毕努尔，杨文念，2010. 土壤碱解氮测定方法比较 [J]. 北京师范大学学报（自然科学版）（1）：80-82.

王谢，向成华，李贤伟，等，2013. 冬季火对川西亚高山草地植物群落结构和牧草质量的影响 [J]. 植物生态学报，37：922-932.

王彦丽，范庭，王旭东，等，2019. 长期磷肥不均投入下黄土高原土壤磷素有效性及与土壤性质关系分析 [J]. 水土保持学报，33（5）：237-242，250.

夏菲，2017. 乌海荒漠植被草原灌丛化研究进展 [J]. 北京园林，33（4）：37-40.

向泽宇，陈瑞芳，蒋忠荣，等，2014. 川西北高寒草甸对火烧干扰的短期响应 [J]. 草业科学，31：2034-2041.

肖德荣，田昆，张利权，2008. 滇西北高原纳帕海湿地植物多样性与土壤肥力的关系 [J]. 生态学报，28（7）：3116-3124.

邢媛媛，王永东，雷加强，2017. 草地灌丛化对植被与土壤的影响 [J]. 干旱区研究，34（5）：1157-1163.

邢媛媛，王永东，尤源，等，2018. 埃塞俄比亚低海拔区灌丛化草地动态变化 [J]. 资源与生态学报，9（3）：281-289.

熊小刚，韩兴国，2005. 内蒙古半干旱草原灌丛化过程中短脚锦鸡儿引起的土壤碳、氮资源空间异质性分布 [J]. 生态学报，25（7）：1678-1683.

熊小刚，韩兴国，鲍雅静，2005. 试论我国内蒙古半干旱草原灌丛沙漠化的研究 [J]. 草业学报，14（5）：1-5.

闫宝龙，吕世杰，王忠武，等，2019. 草地灌丛化成因及其对生态系统的影响研究进展 [J]. 中国草地学报，41（2）：95-101.

严超龙，陶建平，汤爱仪，等，2008. 重庆茅庵林场火烧迹地早期恢复植被特征研究 [J]. 西南大学学报（自然科学版），30（5）：140-144.

杨东东，赵伟，陈林，等，2018. 人工柠条林生物土壤结皮地表水文效应的季节转换 [J]. 西北植物学报，38（7）：1349-1356.

杨静，孙宗玖，巴德木其其格，等，2018. 封育对草地植被功能群多样性及土壤养分特征的影响 [J]. 中国草地学报，40（4）：102-110.

杨效文，马继盛，1992. 生态位有关术语的定义及计算公式评述 [J]. 生态学杂志，2：44-49.

杨阳，刘秉儒，宋乃平，等，2014. 人工柠条灌丛密度对荒漠草原土壤养分空间分布的影响 [J]. 草业学报，23（5）：107-115.

张宏，史培军，郑秋红，2001. 半干旱地区天然草地灌丛化与土壤异质性关系研究进展 [J]. 植物生态学报，25（3）：366-370.

张继义，赵哈林，张铜会，等，2003. 科尔沁沙地植物群落恢复演替系列种群生态位动态特征 [J]. 生态学报，23（12）：2741-2746.

张晶晶，许冬梅，2013. 宁夏荒漠草原不同封育年限优势种群的生态位特征 [J]. 草地学报，21（1）：73-78.

张强，2011. 晋西北小叶锦鸡儿（*Caragaa microphylla*）人工灌丛营养特征与土壤肥力状况研究 [D]. 太原：山西大学.

张义凡，陈林，刘学东，等，2017. 荒漠草原 2 种群落灌丛堆土壤水分的空间特征 [J]. 西南农业学报，30（4）：836-841.

张源润，赵庆丰，蔡进军，等，2007. 半干旱退化山区灌草立体配置与水分调控研究 [J]. 干旱区资源与环境，21（7）：130-134.

赵凌平，白欣，王占彬，等，2016. 火烧对黄土高原典型草原地上植被和繁殖更新的影响 [J]. 草业学报，25（1）：108-116.

赵凌平，王占彬，程积民，2015. 草地生态系统芽库研究进展 [J]. 草业学报，24（7）：172-179.

赵文智，刘志民，2002. 西藏特有灌木砂生槐繁殖生长对海拔和沙埋的响应 [J]. 生态学报，22（1）：134-138.

郑楠，张华，武晶，等，2009. 辽宁老秃顶子北坡植物群落物种多样性及其与土壤特性的相关性分析 [J]. 生态科学，28（6）：510-515.

郑伟，董全民，李世雄，等，2014. 禁牧后环青海湖高寒草原植物群落特征动态 [J]. 草业科学，31（6）：1126-1130.

郑元润，2000. 森林群落稳定性研究方法初探 [J]. 林业科学，36（5）：28-32.

钟芳，赵瑾，孙荣高，等，2010. 兰州南北两山五类乔灌木林草地土壤养分与土壤微生物空间分布研究 [J]. 草业学报，19（3）：94-101.

周道玮，姜世成，田洪艳，等，1999. 草原火烧后土壤水分含量的变化 [J]. 东北师大学报（自然科学版），（1）：97-102.

周道玮，刘仲龄，1994. 火烧对羊草草原植物群落组成的影响 [J]. 应用生态学报，5（4）：371-377.

Aerts R, 2000. The mineral nutrition of wild plants revisited: a reevaluation of processes and patterns [J]. Advance Ecology Research, 30: 1-67.

An S S, Huang Y M, Zheng F L, 2009. Evaluation of soil microbial indices along a revegetation chronosequence in grassland soils on the Loess Plateau, Northwest China [J]. Applied Soil Ecology, 41: 286-292.

Andersson M, Michelsen A, Jensen M, et al, 2004. Tropical savannah woodland: effects of experimental fire on soil microorganisms and soil emissions of carbon dioxide [J]. Soil Biology and Biochemistry, 36 (5): 849-858.

Are K S, Oluwatosin G A, Adeyolanu O D, et al, 2009. Slash and burn effect on soil quality of an alfisol: soil physical properties [J]. Soil and Tillage Research, 103 (1): 4-10.

Arredondo J T, Johnson D A, 1999. Root architecture and biomass allocation of three range grasses in response to nonuniform supply of nutrients and shoot defoliation [J]. New Phytologist, 143: 373-385.

Arévalo J R, Álvarez P, Narvaez N, et al, 2009. The effects of fire on the regeneration of a *Quercus douglasii* stand in Quail Ridge Reserve, Berryessa Valley (California) [J]. Journal of Forest Research, 14: 81-87.

Ayana A, Robert M T B, 2000. Ecological condition of encroached and non-encroached rangelands in Borana, Ethiopia [J]. African Journal of Ecology, 38 (4): 321-328.

Bakoglu A, Bagci E, Erkovan H I, et al, 2009. Seed stocks of grazed and ungrazed rangelands on Palandoken Mountains of Eastern Anatolia [J]. Journal of Food, Agriculture and Environment, 7: 674-678.

Benson E J, Hartnett D C, 2006. The role of seed and vegetative reproduction in plant recruitment and demography in tallgrass prairie [J]. Plant Ecology, 187 (2): 163-178.

Benson E J, Hartnett D C, Mann K H, 2004. Belowground bud banks and meristem limitation in tall grass prairie plant populations [J]. American Journal of Botany, 91 (3): 416-421.

Benson E J, Hartnett D C, Mann K H, 2004. Belowground bud banks and meristem limitation in tallgrass prairie plant populations [J]. American Journal of Botany, 91: 416-421.

Bermejo L A, de Nascimento L, Mata J, et al, 2012. Responses of plant functional groups in grazed and abandoned areas of anatural protected Area [J]. Basic and Applied Ecology, 13 (4): 312-318.

Bertiller M B, 1992. Seasonal variation in the seed bank of a Patagonian grassland in relation to grazing and topography [J]. Journal of Vegetation Science, 3: 47-54.

Bi X, Li B, Fu Q, et al, 2018. Effects of grazing exclusion on the grassland ecosystems of mountain meadows and temperate typical steppe in a mountain-basin system in Central Asia's arid regions, China [J]. Science of the Total Environment, 630: 254-263.

Bowker M A, Belnap J, Rosentreter R, et al, 2004. Wildfire-resistant biological soil crusts and fire-induces loss of soil stability in Palouse Prairies, USA [J]. Applied Soil Ecology, 26 (1): 41-52.

Bradshaw A, 2000. The use of natural processes in reclamation advantages and difficulties [J]. Landscape and Urban Planning, 51: 89-100.

Brunsell N A, Nippert J B, Buck T L, 2014. Impacts of seasonality and surface heterogeneity on water-use efficiency in mesic grasslands [J]. Ecohydrology, 7 (4): 1223-1233.

Báez S, Collins S L, 2008. Shrub invasion decreases diversity and alters community stability in northern Chihuahuan desert plant communities [J]. PLoS One, 3 (6): 1-8.

Cain M L, Damman H, 1997. Clonal growth and ramet performance in the woodland herb, Asarum canadense [J]. Journal of Ecology, 85: 883-897.

Caldwell M M, Richards J H, Johnson D A, et al, 1981. Coping with herbivory: photosynthetic capacity and resource allocation in two semiarid Agropyron bunchgrasses [J]. Oecologia, 50 (1): 14-24.

Caracciolo D, Iatanbulluoglu E, Noto L V, et al, 2016. Mechanisms of shrub encroachment into Northern Chihuahuan Desert grasslands and impacts of climate change investigated using a cellular automata model [J]. Advances in Water Resources, 91: 46-62.

Carilla J, Aragon R, Gurvich D E, 2011. Fire and grazing differentially affect aerial biomass and species composition in Andean grasslands [J]. Acta Oecologica-International Journal of Ecology, 37: 337-345.

Chang E R , Jefferies R L, Carleton T J, 2001. Relationships between vegetation and soil seed banks in arctic coastal marsh [J]. Journal of Ecology, 89: 367-384.

Chen L, Li H, Zhang P, et al, 2015. Climate and native grassland vegetation as drivers of the community structures of shrub-encroached grasslands in Inner Mongolia, China [J]. Landscape Ecology, 30 (9): 1627-1641.

Cheng J M, Jing G W, Li W, et al, 2016. Long-term grazing exclusion effects on vegetation characteristics, soil properties and bacterial communities in the semi-arid grasslands of China [J]. Ecological Engineering, 97: 170-178.

Cheng J, Wu G L, Zhao L P, et al, 2011. Cumulative effects of 20-year exclusion of livestock grazing on above-and belowground biomass of typical steppe communities in arid areas of the Loess Plateau, China [J]. Plant Soil and Environment, 57 (1): 40-44.

Cherry J A, Gough L, 2006. Temporary floating island formation maintains wetland plant species richness: the role of the seed bank [J]. Aquatic Botany, 85: 29-36.

Choczynska J, Johnson E A, 2009. A soil heat and water transfer model to predict belowground grass rhizome bud death in a grass fire [J]. Journal of Vegetation Science, 20: 277-287.

Cingolani A M, Noy-Meir I, Díaz S, 2005. Grazing effects on rangeland diversity: a synthesis of contemporary models [J]. Ecological Applications, 15 (2): 757-773.

Clarke P J, Lawes M J, Midgley J J, et al, 2013. Resprouting as a key functional trait: how buds, protection and resources drive persistence after fire [J]. New Phytologist, 197: 19-35.

Coelho F F, Capelo C, Figueira J E C, 2008. Seedlingsand ramets recruitment in two rhizomatous species of rupestrian grassland: *Leiothrix curvifolia* var. *lanuginosa* and *Leiothrix crassifolia* (Eriocaulaceae) [J]. Flora, 203: 152-161.

Collins S L, 1987. Interaction of disturbances in tall grass prairie: a field experiment [J]. Ecology, 68 (5): 1243-1250.

Collins S L, 1992. Fire frequency and community heterogeneity in tallgrass prairie vegetation [J]. Ecology, 73, 2001-2006.

Comins H N, 1982. Evolutionarily stable strategies for localized dispersal in two dimensions [J]. Journal of Theoretical Biology, 94: 579-606.

Costello D A, Lunt I D, Williams J E, 2000. Effects of invasion by the indigenous shrub *Acacia sophorae* on plant composition of coastal grasslands in south-eastern Australia [J]. Biological Conservation, 96 (1): 113-121.

Da Silva F H B, Arieira J, Parolin P, et al, 2016. Shrub encroachment influences herbaceous communities in flooded grasslands of a neotropical savanna wetland [J]. Applied Vegetation Science, 19: 391-400.

Dalgleish H J, Hartnett D C, 2006. Belowground bud banks increase along a precipitation gradient of the North American Great Plains: a test of the meristem limitation hypothesis [J]. New Phytologist, 171: 81-89.

Deng L, Sweeney S, Shangguan Z P, 2014. Grassland responses to grazing disturbance plant diversity changes with grazing intensity in a desert steppe [J]. Grass and Forage Science, 69: 524-533.

Deng L, Zhang Z N, Shangguan Z P, 2014. Long-term fencing effects on plant diversity and soil properties in China [J]. Soil Tillage Research, 137: 7-15.

Derner J D, Tischler C R, Poolley W H, et al, 2005. Seedling growth of two honey mesquite varieties under CO_2 enrichment [J]. Rangeland Ecology and Management, 58 (3): 292-298.

Diemer M, Prock S, 1993. Estimates of alpine seed bank size in two central European and one Scandinavian subarctic plant communities [J]. Arctic and Alpine Research, 25: 194-200.

Dullinger S, Dirnböck T, Greimler J, et al, 2003. A resampling approach for evaluating effects of pasture abandonment on subalpine plant species diversity [J]. Journal of Vegetation Science, 14: 243-252.

D'odorico P D, Okin G S, Bestelmeyer B T, 2012. A synthetic review of feedbacks and drivers of shrub encroachment in arid grasslands [J]. Ecohydrology, 5 (5): 520-530.

Edwards G R, Crawley M J, 1999. Herbivores, seed banks and seedling recruitment in mesic grassland [J]. Journal of Ecology, 87: 423-435.

Eldridge D J, Bowker M A, Maestre F T, et al, 2011. Impacts of shrub encroachment on ecosystem structure and functioning: towards a global synthesis [J]. Ecology Letters, 14 (7): 709-722.

Elumeeva T G, Aksenova A A, Onipchenko V G, et al, 2018. Effects of herbaceous plant functional groups on the dynamics and structure of an alpine lichen heath: the results of a removal experiment [J]. Plant Ecology, 219 (12): 1435-1447.

Eriksson O, 1989. Seedling dynamics and life histories in clonal plants [J]. Oikos, 55: 231-238.

Eriksson O, 1992. Evolution of seed dispersal and recruitment in clonal plants [J]. Oikos, 63: 439-448.

Erkkilä H M J, 1998. Seed banks of grazed and ungrazed Baltic seashore meadows [J]. Journal of Vegetation Science, 9: 395-408.

Eweg H P A, van Lammeren R, Deurloo H, et al, 1998. Analysing degradation and rehabilitation for sustainable land management in the highlands of Ethiopia [J]. Land Degradation and Development, 9: 529-542.

Facelli J M, Pickett S T A, 1991. Plant litter: its dynamics and effects on plant community structure [J]. Botanical Review, 57: 1-32.

Felker P, Clark P R, Nash P, et al, 1982. Screening prosopis (mesquite) for cold tolerance [J]. Forest Science, 28 (3): 556-562.

Fernándezlugo S, Bermejo L A, 2013. Productivity: key factor affecting grazing exclusion effects on vegetation and soil [J]. Plant Ecology, 214: 641-656.

Fidelis A, Appezzato-Da-Glória B, Pillar V D, et al, 2014. Does disturbance affect bud bank size and belowground structures diversity in Brazilian subtropical grasslands [J]? Flora, 209: 110-116.

Fischer C, Leimer S, Roscher C, et al, 2019. Plant species richness and functional groups have different effects on soil water content in a decade-long grassland experiment [J]. Journal of Ecology, 107 (1): 127-141.

Fischer M, van Kleunen M, 2001. On the evolution of clonal plant life histories [J]. Evolutionary Ecology, 15: 565-582.

Flematti G R, Merritt D J, Piggott M J, et al, 2011. Burning vegetation produces cyanohydrins that liberate cyanide and stimulate seed germination [J]. Nature Communications, 2: 360.

Forbis T A, 2003. Seedling demography in alpine ecosystem [J]. American Journal of Botany, 90: 1197-1206.

Fu B J, Liu Y, Lu Y H, et al, 2011. Assessing the soil erosion control service of ecosystems change in the Loess Plateau of China [J]. Ecological Complexity, 8 (4): 284-293.

Funes G, Basconcelo S, Díaz S, et al, 2003. Seed bank dynamics in tall-tussock grasslands along an altitudinal gradient [J]. Journal of Vegetation Science, 14: 253-258.

Gallego L, Distel R A, Camina R, et al, 2004. Soil phytoliths as evidence for species replacement in grazed rangelands of central Argentina [J]. Ecography, 27: 725-732.

Galvanek D, Leps J, 2008. Changes of species richness pattern in mountain grasslands: abandonment versus restoration [J]. Biodiversity and Conservation, 17 (13): 3241-3253.

Gibson D J, 1998. Regeneration and fluctuation of tallgrass prairie vegetation in response to burning frequency [J]. Bulletin of the Torrey Botanical Club, 115: 1-12.

Gilmour J, 2002. Substantial asexual recruitment of mushroom corals contributes little to population genetics of adults in conditions of chronic sedimentation [J]. Marine Ecology Progress Series, 235: 81-91.

Godron M, 1972. Some aspects of heterogeneity in grasslands of cantal [J].

Statistical Ecology, 3: 397-415.

Gonzalez-moreno P, Pino J, Gasso N, et al, 2013. Landscape context modulates alien plant invasion in Mediterranean forest edges [J]. Biological Invasions, 15 (3): 547-557.

Gray E F, Bond W J, 2013. Will woody plant encroachment impact the visitor experience and economy of conservation areas [J]. Koedoe, 55 (1): 123-139.

Grime J P, 1998. Benefits of plant diversity to ecosystems: immediate, filter and founder effects [J]. Ecology, 86: 902-910.

Grime J P, 2001. Plant strategies, vegetation processes, and ecosystem properties [M]. John Wiley and Sons, Chichester.

Gross K L, 1990. A comparison of methods for estimating seed numbers in the soil [J]. Journal of Ecology, 78: 1079-1093.

Grubb P J, 1977. The maintenance of species richness in plant communities: the importance of the regeneration niche [J]. Biological Reviews of the Cambridge Philosophical Society, 52: 107-145.

Gucker C L, Bunting S C, 2011. Canyon grassland vegetation changes following fire in Northern Idaho [J]. Western North American Naturalist, 71: 97-105.

Gugerli F, 1998. Effect of elevation on sexual reproduction in alpine populations of *Saxifraga oppositifolia* (Saxifragaecae) [J]. Oecologia, 114: 60-66.

Harada Y, Kawano S, Iwasa Y, 1997. Probability of clonal identity: inferring the relative success of sexual versus clonal reproduction from spatial genetic patterns [J]. Journal of Ecology, 85: 591-600.

Harrison S, Inouye B D, Safford H D, 2003. Ecological heterogeneity in the effects of grazing and fire on grassland diversity [J]. Conservation Biology, 17: 837-845.

Hart S C, Deluca T H, Newman G S, et al, 2005. Post-fire vegetative dynamics as drivers of microbial community structure and function in forest soils [J]. Forest Ecology and Management, 220 (3): 166-184.

Hartnett D C, 1990. Size-dependent allocation to sexual and vegetative reproduction in four clonal composites [J]. Oecologia, 84: 254-259.

Hartnett D C, 1991. Effects of fire in tallgrass prairie on growth and reproduction of prairie coneflower (*Ratibida columnifera*: Asteraceae) [J]. American Journal of Botany, 78: 429-435.

Hartnett D C, Hickman K R, Walter F, 1996. Effects of bison grazing, fire, and topography on floristic diversity in tallgrass prairie [J]. Range Manage, 49: 413-420.

Hartnett D C, Setshogo M P, Dalgleish H J, 2006. Bud banks of perennial savanna grasses in Botswana [J]. African Journal of Ecology, 44: 56-263.

Hendrickson J R, Briske D D, 1997. Axillary bud banks of two semiarid perennial grasses: occurrence, longevity, and contribution to population persistence [J]. Oecologia, 110: 584-591.

Hill M O, 1973. Diversity and evenness: a unifying notation and its consequences [J]. Ecology, 54: 427-43.

Hobbs R J, HuennekeL F, 1992. Disturbance, diversity, and invasion: implications for conservation [J]. Conservation Biology, 6: 324-337.

Hooper D U, Dukes J S, 2010. Functional composition controls invasion in a California serpentine grassland [J]. Journal of Ecology, 98: 764-777.

Howard K S, Eldridge D J, Soliveres S, 2012. Positive effects of shrubs on plant species diversity do not change along a gradient in grazing pressure in an arid shrubland [J]. Basic and Applied Ecology, 13 (2): 159-168.

Hu Z M, Li S G, Guo Q, et al, 2016. A synthesis of the effect of grazing exclusion on carbon dynamics in grasslands in China [J]. Global Change Biology, 22: 1385-1393.

Huhta A P, Hellström K, Rautio P, et al, 2003. Grazing tolerance of *Gentianella amarella* and other monocarpic herbs: why is tolerance highest at low damage levels [J]? Plant Ecology, 166: 49-61.

Humphrey L D, Pyke D A, 1998. Demographic and growth responses of a guerrilla and a phalanx perennial grass in competitive mixtures [J]. Journal of Ecology, 86: 854-865.

Huston M, 1980. Soil nutrients and tree species richness in Costa Rican

Forests [J]. Journal of Biogeography, 7 (2): 147-157.

Jackso S T, Hobbs R J, 2009. Ecological restoration in the light of ecological history [J]. Science, 525 (5940): 567-569.

Jeddi K, Chaieb M, 2010. Changes in soil properties and vegetation following livestock grazing exclusion in degraded arid environments of South Tunisia [J]. Flora, 205: 184-189.

Jing Z B, Cheng J M, Jin J W, et al, 2014. Revegetation as an efficient nleans of improving the diversity and abundance of soil eukaryotes in the Loess Plateau of China [J]. Ecological Engineering, 70: 169-174.

Jing Z B, Cheng J M, Su J S, et al, 2014. Changes in plant community composition and soil properties under 3-decade grazing exclusion in semiarid grassland [J]. Ecological Engineering, 64: 171-178.

Jost L, 2006. Entropy and diversity [J]. Oikos, 113: 363-375.

Joubert D F, Smit G N, Hoffman M T, 2012. The role of fire in preventing transitions from a grass dominated state to a bush thickened state in arid savannas [J]. Journal of Arid Environments, 87 (87): 1-7.

Jutila H M, 1998. Seed banks of grazed and ungrazed Baltic seashore meadows [J]. Journal of Vegetation Science, 9: 395-408.

Keeley J E, 1991. Seed germination and life history syndromes in the California chaparral [J]. Botanical Review, 57: 81-116.

Keeley J E, Fotheringham C J, 2000. Role of fire in regeneration from seed [M]. In 'Seeds: the ecology of regeneration in plant communities'. 2nd edn. (Ed. M Fenner). Wallingford, UK: CAB International.

Killgore A, Jacjson E, Whitford W G, 2009. Fire in Chihuahuan Desert grassland: short-term effects on vegetation, small mammal populations, and faunal pedoturbation [J]. Journal of Arid Environments, 73 (11): 1029-1034.

Kirkman K P, Collins S L, Smith M D, 2014. Responses to fire differ between South African and North American grassland communities [J]. Journal of Vegetation Science, 25: 93-804.

Klimešová J, Klimeš L, 2007. Bud banks and their role in vegetative regeneration-a literature review and proposal for simple classification and assessment [J]. Perspectives in Plant Ecology, Evolution and Systematics, 8: 115-129.

Klimešová J, Klimeš L, 2008. Clonal growth diversity and bud banks of plants in the Czech flora: an evaluation using the CLO-PLA3 database [J]. Preslia, 80: 255-275.

Klimešová J, Martínková J, Ottaviani G, 2018. Belowground plant functional ecology: towards an integrated perspective [J]. Functional Ecology, 32: 2115-2126.

Knapp A K, Briggs J M, Blair J M, et al, 1998. Patterns and controls of above-ground net primary production in tallgrass prairie [C] // Knapp A K, Briggs J M, Hartnett D C, et al. Grassland dynamics: long-term ecological research in tallgrass prairie. New York: Oxford University Press: 193-221.

Knapp A K, Seastedt T R, 1986. Detritus accumulation limits productivity of tallgrass praire [J]. Bioscience, 36: 662-668.

Knapp A K, Smith M D, 2001. Variation among biomes in temporal dynamics of aboveground primary production [J]. Science, 291: 481-484.

Knapp S, Kühn I, Schweig O, 2008. Challenging urban species diversity: contrasting phylogenetic patterns across plant functional groups in Germany [J]. Ecology Letters, 11: 1054-1064.

Knops J M H, 2006. Fire does not alter vegetation in infertile prairie [J]. Oecologia, 150: 477-483.

Knox K J E, Morrison D A, 2005. Effects of inter-fire intervals on the reproductive output of resprouters and obligate seeders in the Proteaceae [J]. Austral Ecology, 30: 407-413.

Latzel V, Klimešová J, Doležal J, et al, 2011. The association of dispersal and persistence traits of plants with different stages of succession in central European man-made habitats [J]. Folia Geobotanica, 46 (2/3): 289-302.

Lavorel S, Garnier E, 2002. Predicting changes in community composition and ecosystem functioning from plant traits: revisiting the Holy Grail [J].

Functional Ecology, 16 (5): 545-556.

Lemaire G, Hodgson J, de Moraes A, et al, 2000. Grassland ecophysiology and grazing ecology [M]. Wallingford, UK CAB International.

Li H, Zhang J H, Hu H F, et al, 2017. Shift in soil microbial communities with shrub encroachment in Inner Mongolia Grasslands, China [J]. European Journal of Soil Biology, 79: 40-47.

Li R, Zhang K B, Liu Y F, et al, 2008. Plant community spatial distribution pattern of wetland ecosystem in a semi-arid region of northwestern China [J]. Journal of Beijing Forestry University, 30 (1): 6-13.

Li W J, Li J H, Zhang R L, et al, 2017. Forbs rather than grasses as key factors affecting succession of abandoned fields-a case study from a subalpine region of the eastern Tibet Plateau [J]. Earth Science, 69 (5): 80-87.

Li W J, Zuo X A, Knops J M H, 2013. Different fire frequency impacts over 27 years on vegetation succession in an infertile old-field grassland [J]. Rangeland Ecology and Management, 66: 267-273.

Li W, Wu G L, Zhang G F, et al, 2011. The maintenance of offspring diversity in response to land use: sexual and asexual recruitment in an alpine meadow on the Tibetan Plateau [J]. Nordic Journal of Botany, 29 (1): 81-86.

Li X Y, Zhang S Y, Peng H Y, et al, 2013. Soil water and temperature dynamics in shrub-encroached grasslands and climatic implications: results from Inner Mongolia steppe ecosystem of north China [J]. Agricultural and Forest Meteorology, 171-172 (8): 20-30.

Li Y, Yan Z Y, Guo D, et al, 2015. Effects of fencing and grazing on vegetation and soil physical and chemical properties in an alpine meadow in the Qinghai Lake Basin [J]. Acta Pratacult Siniva, 24: 33-39.

Liu M Z, Jiang G M, Yu S L, et al, 2009. The role of soil seed banks in natural restoration of the degraded hunshandak sand lands, Northern China [J]. Restoration Ecology, 17: 127-136.

Liu W, Zhang J L, Norris S L, et al, 2016. Impact of grassland reseeding, herbicide spraying and ploughing on diversity and abundance of soil arthropods [J]. Frontiers in Plant Science, 7: 1-9.

Livesley S J, Grover S, Hutley L B, et al, 2011. Seasonal variation and fire effects on CH4, N_2O and CO_2 exchange in savanna soils of northern Australia [J]. Agricultural, Ecosystems and Environment, 92 (1): 37-48.

Lohmann D, Tietjen B, Blaum N, et al, 2014. Prescribed fire as a tool for managing shrub encroachment in semi-arid savanna rangelands [J]. Journal of Arid Environments, 107 (5): 49-56.

Longo G, Seidler T G, Garibaldi L A, et al, 2013. Functional group dominance and identity effects influence the magnitude of grassland invasion [J]. Journal of Ecology, 101: 1114-1124.

Lovett Doust L, 1981. Population dynamics and local specialization in a clonal plant Ranunculus repens. I. The dynamics of ramets in contrasting habitats [J]. Journal of Ecology, 69: 743-755.

Lunt I, Jansen A, Binns D, et al, 2007. Long-term effects of exclusion of grazing stock on degraded herbaceous plant communities in a riparian Eucalyptus camaldulensis forest in south-eastern Australia [J]. Austral Ecology, 32: 937-949.

Luo J F, Liu X M, Yang J, et al, 2018. Variation in plant functional groups indicates land degradation on the Tibetan Plateau [J]. Scientific Reports, 8: 17606.

Ma M J, Zhou X H, Lv Z W, et al, 2009. A comparison of the soil seed bank in an enclosed vs. a degraded alpine meadow in the eastern Tibetan Plateau [J]. Acta Ecologica Sinica, 29: 3658-3664.

Ma M J, Zhou X H, Wang G, et al, 2010. Seasonal dynamics in alpine meadow seed banks along an altitudinal gradient on the Tibetan Plateau [J]. Plant and Soil, 336: 291-302.

Maestre F T, Bowker M A, Puche M D, et al, 2009. Shrub encroachment can reverse desertification in semi-arid Mediterranean grasslands [J]. Ecology Letters, 12: 930-941.

Mandujano M del C, Montana C, Méndez I, et al, 1998. The relative contribution of sexual reproduction and clonal propagation in Opuntia rastrera from two habitats in the Chihuahuan Desert [J]. Journal of Ecology, 86: 911-921.

Martinez-vilalta J, Pockman W T, 2002. The vulnerability to freezing-induced xylem cavitation of Larrea tridentata (Zygophyllaceae) in the Chihuahuan Desert [J]. American Journal of Botany, 89 (12): 1916-1924.

Matthias H, Caviezel C, Nikolaus J K, et al, 2017. Shrub encroachment by green alder on subalpine pastures: changes in mineral soil organic carbon characteristics [J]. Catena, 157: 35-46.

Mayera R, Kaufmannb R, Vorhauserc K, et al, 2009. Effects of grazing exclusion on species composition in high altitude grasslands of the Central Alps [J]. Basic and Applied Ecology, 10: 447-455.

Mazzarino M J, Oliva L, Abril A, et al, 1991. Factors affecting nitrogen dynamics in a semiarid woodland (Dry Chaco, Argentina) [J]. Plant and Soil, 138 (1): 85-98.

McDonald A W, Bakker J P, Vegelin K, 1996. Seed bank classification and its importance for the restoration of species-rich flood-meadows [J]. Journal of Vegetation Science, 7: 156-164.

McLaren J R, 2006. Effects of plant functional groups on vegetation dynamics and ecosystem properties [J]. InforNorth, 59 (4): 449-451.

McLaren J R, Turkington R, 2011. Biomass compensation and plant responses to 7 years of plant functional group removals [J]. Journal of Vegetation Science, 22: 503-515.

Meissner R A, Facelli J M, 1999. Effects of sheep exclusion on the soil seed bank and annual vegetation in chenopod shrublands of South Australia [J]. Journal of Arid Environment, 42: 117-128.

Midgley J J, Lawes M J, Chamaille-Jammes S, 2010. Savanna woody plant dynamics: the role of fire and herbivory, separately and synergistically [J]. Australian Journal of Botany, 58 (1): 1-11.

Milchunas D G, Lauenroth W K, 1993. Quantitative effects of grazing on vegetation and soils over a global range of environments [J]. Ecological

Monographs, 63: 327-366.

Miles E K, Knops J M H, 2009. Grassland compositional change in relation to the identity of the dominant matrix-forming species [J]. Plant Ecology and Diversity, 2 (3): 265-275.

Miles E K, Knops J M H, 2009. Shifting dominance from native C-4 to non-native C-3 grasses: relationships to community diversity [J]. Oikos, 118: 1844-1853.

Moretto A S, Distel R A, 1997. Competitive interactions between palatable and unpalatable grasses native to a temperate semiarid grassland of Argentina [J]. Plant Ecology, 130: 155-161.

Morgan J W, 1999. Defining grassland fire events and the response of perennial plants to annual fire in temperate grasslands of south-eastern Australia [J]. Plant Ecology, 144: 127-144.

Mougi A, Kondoh M, 2012. Diversity of interaction types and ecological community stability [J]. Science, 337 (6092): 349-351.

Munson S M, Lauenroth W K, 2009. Plant population and community responses to removal of dominant species in the shortgrass steppe [J]. Journal of Vegetation Science, 20: 224-232.

Naito A T, Cairns D M, 2011. Patterns and processes of global shrub expansion [J]. Progress in Physical Geography, 35 (4): 423-442.

Nathan R, Muller-Landau H C, 2000. Spatial patterns of seed dispersal, their determinants and consequences for recruitment [J]. Trends in Ecology and Evolution, 15 (7): 278-285.

Neill C, Patterson I W A, Crary J D W, 2007. Response of soil carbon, nitrogen and cations to the frequency and seasonality of prescribed burning in a Cape Cod oak-pine forest [J]. Forest Ecology and Management, 250 (3): 234-243.

Niu K, Choler P, Bello F, et al, 2014. Fertilization decreases species diversity but increases functional diversity: a three-year experiment in a Tibetan alpine meadow [J]. Agriculture Ecosystem and Environment, 182 (2): 106-112.

Olff H, Ritchie M E, 1998. Effects of herbivores on grassland plant diversity [J]. Trends in Ecology and Evolution, 13: 261-265.

Ordoñez J L, Franco S, Retana J, 2004. Limitation of the recruitment of Pinus nigrat subsp. salzmanii in a gradient of post-fire environmental conditions [J]. Ecoscience, 11: 296-304.

Ortega M, Levassor C, Peco B, 1997. Seasonal dynamics of Mediterranean pasture seed banks along environmental gradients [J]. Journal of Biogeography, 24: 177-195.

Osem Y, Perevolotsky A, Kigel J, 2004. Site productivity and plant size explain the response of annual species to grazing exclusion in a Mediterranean semi-arid rangeland [J]. Journal of Ecology, 92: 297-309.

Osem Y, Perevolotsky A, Kigel J, 2006. Similarity between seed bank and vegetation in a semi-arid annual plant community: the role of productivity and grazing [J]. Journal of Vegetation Science, 17: 29-36.

Pausas J G, Lamont B B, Paula S, et al, 2018. Unearthing belowground bud banks in fire-prone ecosystems [J]. New Phytologist, 217: 1435-1448.

Peco B, Ortega M, Levassor C, 1998. Similarity between seed bank and vegetation in Mediterranean grassland: a predictive model [J]. Journal of Vegetation Science, 9: 815-828.

Peterson D W, Reich P B, 2008. Fire frequency and tree canopy structure influence plant species diversity in a forest-grassland ecotone [J]. Plant Ecology, 194: 5-16.

Phoenix G K, Johnson D, Grime J P, et al, 2008. Sustaining ecosystem services in ancient limestone grassland: importance of major component plants and community composition [J]. Ecology, 96: 894-902.

Piquot Y, Petit D, Valero M, et al, 1998. Variation in asexual and sexual reproduction among young and old populations of the perennial macrophyte Sparganium erectum [J]. Oikos, 82: 139-148.

Polley H W, Wilsey B J, Derner J D, et al, 2006. Early-successional plants regulate grassland productivity and species composition: a removal experiment [J]. Oikos, 113: 287-295.

Ponder J F, Tadros M, Loewenstein E F, 2009. Microbial properties and litter and soil nutrients after wo prescribed fires in developing savannas in an upland Missouri Ozark Forest [J]. Forest Ecology and Management, 257 (2): 755-763.

Prati D, Schmid B, 2000. Genetic differentiation of life-history traits within populations of the clonal plant Ranunculus reptans [J]. Oikos, 90: 442-456.

Proulx M, Mazumder A, 1998. Reversal of grazing impact on plant species richness innutrient-poor vs. nutrient-rich ecosystems [J]. Ecology, 79: 2581-2592.

Pyke D A, Brooks M L, Antonio C D, 2010. Fire as a restoration tool: a decision framework for predicting the control or enhancement of plants using fire [J]. Restoration Ecology, 18: 274-284.

Qian J Q, Busso C A, Wang Z, et al, 2015. Ramet recruitment from different bud types along a grassland degradation gradient in Inner Mongolia, China [J]. Polish Journal of Ecology, 63: 38-52.

Qian J Q, Wang Z W, Klimešová J, et al, 2017. Differences in below-ground bud bank density and composition along a climatic gradient in the temperate steppe of northern China [J]. Annals of Botany, 120: 755-764.

Qian J Q, Wang Z W, Liu Z M, et al, 2014. Belowground bud bank response to grazing intensity in the Inner-Mongolia steppe, China [J]. Land Degradation and Development, 28: 822-832.

Rachel A M, José H M F, 1999. Effects of sheep exclusion on the soil seed bank and annual vegetation in chenopod shrublands of South Australia [J]. Journal of Arid Environments, 42: 117-128.

Ratajczak Z, Nippert J B, Briggs J M, et al, 2014. Fire dynamics distinguish grasslands, shrublands and woodlands as alternative attractors in the Central Great Plains of North America [J]. The Journal of Ecology, 102 (6): 1374-1385.

Ratajczak Z, Nippert J B, Collins S L, 2012. Woody encroachment decreases diversity across North American Grasslands and Savannas [J].

Ecology, 93 (4): 697-703.

Ravi S, D'odorico P, Wang L, et al, 2009. Post-fire resource redistribution in desert grasslands: a possible negative feedback on land degradation [J]. Ecosystems, 12 (3): 434-444.

Reekie E G, 1991. Cost of seed versus rhizome production in Agropyron repens [J]. Canadian Journal of Botany, 69: 2678-2683.

Ren G H, Wang C X, Dong K H, et al, 2018. Effects of grazing exclusion on soil-vegetation relationships in a semiarid grassland on the Loess Plateau, China [J]. Land Degradation and Development, 29 (11): 4071-4079.

Ronsheim M L, Bever J D, 2000. Genetic variation and evolutionary trade-offs for sexual and asexual reproductive modes in *Allium vineale* (Liliaceae) [J]. American Journal of Botany, 87: 1769-1777.

Russi L, Cocks P S, Roberts E H, 1992. Seed bank dynamics in a Mediterranean grassland [J]. Journal of Applied Ecology, 29: 763-771.

Sankaran M, Hanan N P, Scholes R J, et al, 2005. Determinants of woody cover in African savannas [J]. Nature, 438: 846-849.

Sanz-elorza M, Dana E D, Gonzalez A, et al, 2003. Changes in the high mountain vegetation of the Central Iberian Peninsula as a probable sign of global warming [J]. Annals of Botany, 92 (2): 273-280.

Schlesinger W H, Raikes J A, Hartley A E, et al, 1996. On the spatial pattern of soil nutrients in desert ecosystems [J]. Ecology, 77 (2): 364-374.

Schlesinger W H, Reynolds J F, Cunningham J L, et al, 1990. Biological feedbacks in global desertification [J]. Science, 247 (4946): 1043-1048.

Seastedt T R, Pyšek P, 2011. Mechanisms of plant invasions of North American and European grasslands [J]. Annual Review of Ecology, Evolution, and Systematics, 42: 133-153.

Sekhwela M B M, Yates D J, 2007. A phenological study of dominant acacia tree species in areas with different rainfall regimes in the Kalahari of Botswana [J]. Journal of Arid Environments, 70 (1): 1-17.

Semmartin M, Garibaldi L A, Chaneton E J, 2008. Grazing history effects on above-and below-ground litter decomposition and nutrient cycling in two co-occurring grasses [J]. Plant Soil, 303: 177-189.

Seversonk E, Debano L F, 1991. Influence of Spanish goats on vegetation and soils in Arizona chaparral [J]. Journal of Range Management, 44 (2): 111-117.

Shaltout K H, el-Halawany E F, El-Kady H F, 1996. Consequences of protection from grazing on diversity and abundance of the coastal lowland vegetation in Eastern Saudi Arabia [J]. Biodiversity and Conservation, 5: 27-36.

Shang Z H, Ma Y S, Long R J, et al, 2008. Effect of grazing exclusion, artificial seeding and abandonment on vegetation composition and dynamics of 'black soil land' in the headwaters of the Yangtze and the Yellow Rivers [J]. Land Degradation and Development, 19: 554-563.

Sigcha F, Pallavicini Y, Camino M J, et al, 2018. Effects of short-term grazing exclusion on vegetation and soil in early succession of a Subhumid Mediterranean reclaimed coal mine [J]. Plant and Soil, 426 (1/2): 197-209.

Silvertown J W, 1983. Plants in limestone pavements: tests of species interaction and niche separation [J]. Journal of Ecology, 71 (3): 819-828.

Silvertown J, 2008. The evolutionary maintenance of sexual reproduction: evidence from the ecological distribution of asexual reproduction in clonal plants [J]. International Journal of Plant Sciences, 169: 157-168.

Silvertown J, Franco M, Pisanty I, et al, 1993. Comparative plant demography-relative importance of life-cycle components to the finite rate of increase in woody and herbaceous perennials [J]. Journal of Ecology, 81: 465-476.

Singh P, Singh J S, 2002. Recruitment and competitive interaction between ramets and seedlings in a perennial medicinal herb, Centella asiatica [J]. Basic and Applied Ecology, 3: 65-76.

Skarpe C, 1990. Shrub layer dynamics under different herbivore densities in an Arid Savanna, Botswana [J]. Journal of Applied Ecology, 27 (3):

873-885.

Snyman H A, 2015. Short-term responses of Southern African semi-arid rangelands to fire: a review of impact on plants [J]. Arid Land Research and Management, 29: 237-254.

Spooner P, Lunt I, Robinson W, 2002. Is fencing enough? The short-term effects of stock exclusion in remnant grassy woodlands in southern NSW [J]. Ecological Management and Restoration, 3: 117-126.

Stearns S C, 1992. The evolution of life histories [M]. Oxford: Oxford University Press.

Sternberg M, Gutman M, Perevolotsky A, et al, 2003. Effects of grazing on soil seed bank dynamics: an approach with functional groups [J]. Journal of Vegetation Science, 14: 375-386.

Stoof C R, Wesseling J G, Ritsema C J, 2010. Effects of fire and ash on soil water retention [J]. Geoderma, 159 (3): 276-285.

Sultan S E, 2000. Phenotypic plasticity for plant development, function and life history [J]. Trends in Plant Science, 5: 537-542.

Tan S H, Tan Z C, 2014. What determine herder households' sustainable grassland management behaviors in western China [J]? Ecological Economics, 2: 108-119.

Tang J M, Ai X R, Yi Y M, et al, 2012. Niche dynamics during restoration process for the dominant tree species in montane mixed evergreen and deciduous broadleaved forests at Mulinzi of Southwest Hubei [J]. Acta Ecologica, 32 (20): 6334-6342.

Tolvanen A, Schroderus J, Henry G H R, 2002. Age-and stage-based bud demography of Salix arctica under contrasting muskox grazing pressure in the high Arctic [J]. Evolutionary Ecology, 15: 443-462.

Unger I A, Woodell S R J, 1996. Similarity of seed bank to above ground vegetation in grazed and ungrazed salt marsh communities on the Gower Peninsula, South Wales [J]. International Journal of Plant Science, 157: 746-749.

van Auken O W, 2000. Shrub invasions of North American semiarid grasslands [J]. Annual Review of Ecology and Systematics, 31 (1):

197-215.

van Kleunen M, Fischer M, Schmid B, 2001. Effects of intraspecific competition on size variation and reproductive allocation in a clonal plant [J]. Oikos, 94: 515-524.

Vanderweide B L, Hartnett D C, 2015. Belowground bud bank response to grazing under severe, short-term drought [J]. Oecologia, 178: 1-12.

Vanguelova E I, Nortcliff S, Moffat A J, et al, 2005. Morphology, biomass and nutrient status of fine roots of Scots pine (*Pinus sylvestris*) as influenced by seasonal fluctuations in soil moisture and soil solution chemistry [J]. Plant and Soil, 270 (1): 233-247.

Wahren C H A, Papst W A, Williams R J, 2001. Early post-fire regeneration in subalpine heathland and grassland in the Victorian Alpine National Park, South-Eastern Australia [J]. Austral Ecology, 26: 670-679.

wal van Der R, Bardgett R D, Harrison K, et al, 2004. Vertebrate herbivores and ecosystem control: cascading effects of faeces on tundra ecosystems [J]. Ecography, 27: 242-252.

Wang D, Wu G L, Zhu Y J, et al, 2014. Grazing exclusion effects on above-and below-ground C and N pools of typical grassland on the Loess Plateau (China) [J]. Catena, 123: 113-120.

Welling P, Laine K, 2002. Regeneration by seeds in alpine meadow and heath vegetation in sub-arctic Finland [J]. Journal of Vegetation Science, 13: 217-226.

Weppler T, Stoecklin J, 2005. Variation of sexual and clonal reproduction in the alpine Geum reptans in contrasting altitudes and successional stages [J]. Basic and Applied Ecology, 6: 305-316.

Wijngaarden V W, 1985. Elephants, trees, grass, grazers: relationships between climate, soils, vegetation, and large herbivores in a semiarid savanna ecosystem [J]. Community Dentistry and Oral Epidemiology, 14 (5): 238-241.

Willand J E, Baer S G, Gibson D J, et al, 2013. Temporal dynamics of plant community regeneration sources during tallgrass prairie restoration

[J]. Plant Ecology, 214: 1169-1180.

Williams G C, 1975. Sex and evolution [M]. Princeton: Princeton University Press.

Wu G L, Du G Z, Liu Z H, et al, 2009. Effect of fencing and grazing on a Kobresia-dominated meadow in the Qinghai-Tibetan Plateau [J]. Plant and Soil, 319: 115-126.

Wu G L, Du G Z, Liu Z H, et al, 2009. Effect of fencing and grazing on a Kobresia-dominated meadow in the Qinghai-Tibetan Plateau [J]. Plant and Soil, 319: 115-126.

Wu G L, Li W, Li X P, et al, 2011. Grazing as a mediator for maintenance of offspring diversity: sexual and clonal recruitment in alpine grassland communities, Flora-Morphology, Distribution [J]. Functional Ecology of Plants, 206: 241-245.

Wu G L, Li W, Shi Z H, et al, 2011. Aboveground dominant functional group predicts belowground properties in an alpine grassland community of western China [J]. Journal Soils Sediments, 11: 1011-1019.

Wu G L, Liu Z H, Zhang L, et al, 2010. Long-term fencing improved soil properties and soil organic carbon storage in an alpine swamp meadow of western China [J]. Plant and Soil, 332: 331-337.

Wu J S, Li M, Fiedler S, et al, 2019. Impacts of grazing exclusion on productivity partitioning along regional plant diversity and climatic gradients in Tibetan alpine grasslands [J]. Journal of Environmental Management, 231: 635-645.

Xie B N, Jia X X, Qin Z F, et al, 2016. Vegetation dynamics and climate change on the Loess Plateau, China: 1982-2011 [J]. Regional Environmental Change, 16: 1583-1594.

Yiakoulaki M D, Hasanagas N D, Michelaki E, et al, 2019. Social network analysis of sheep grazing different plant functional groups [J]. Grass and Forage Science, 74 (2): 129-140.

Zavaleta E S, Kettley I S, 2006. Ecosystem change along a woody invasion chronosequence in a California grassland [J]. Journal of Arid Environments, 66 (2): 290-306.

Zhan X, Li L, Cheng W, 2007. Restoration of Stipa kryloviisteppes in Inner Mongolia of China: assesment of seed banks and vegetation composition [J]. Journal of Arid Environments, 68: 298-307.

Zhang J J, Xu D M, 2013. Niche characteristics of dominant plant populations in desert steppe of Ningxia with different enclosure times [J]. Acta Agrestia Sinica, 21 (1): 73-78.

Zhang Q J, Fu B J, Chen L D, et al, 2004. Dynamics and driving factors of agricultural landscape in the semiarid hilly area of the Loess Plateau, China [J]. Agriculture, Ecosystems and Environment, 103: 535-543.

Zhang Q P, Wang J, Gu H L, et al, 2018. Effects of continuous slope gradient on the dominance characteristics of plant functional groups and plant diversity in Alpine Meadows [J]. Sustainability, 10 (12): 4805.

Zhang W, 1998. Changes in species diversity and canopy cover in steppe vegetation in Inner Mongolia under protection from grazing [J]. Biodiversity and Conservation, 7: 1365-1381.

Zhang Y, Gao Q, Xu L, et al, 2014. Shrubs proliferated within a six-year exclosure in a temperate grassland-spatiotemporal relationships between vegetation and soil variables [J]. Sciences in Cold and Arid Regions, 36 (2): 139-149.

Zhao J B, Hou Y J, Huang C C, 2003. Causes and countermeasures of soil drying under artificial forest on the Loess Plateau in northern Shaanxi [J]. Journal of Desert Research, 23: 612-615.

Zhao J B, Zhou Q, Hou Y J, 2003. Effect of dried layer of soil ecological environmental reconstruction [J]. Journal of Shaanxi Normal University, 23: 93-109.

Zhao J X, Sun F, Tian L H, 2019. Altitudinal pattern of grazing exclusion effects on vegetation characteristics and soil properties in alpine grasslands on the central Tibetan Plateau [J]. Journal of Soils and Sediments, 19 (2): 750-761.

Zhao L P, Wu G L, Shi Z H, 2013. Post-fire species recruitment in a semiarid perennial steppe on the Loess Plateau [J]. Australian Journal of Botany, 61: 29-35.

Zhou H K, Zhao X Q, Tang Y H, et al, 2005. Alpine grassland degradation and its control in the source region of the Yangtze and Yellow Rivers, China [J]. Grassland Science, 51 (3): 191-203.

Zhou Z C, Shangguan Z P, Zhao D, 2006. Modeling vegetation coverage and soil erosion in the Loess Plateau Area of China [J]. Ecological Modeling, 198: 263-268.

Zhu J T, Zhang Y J, Liu Y J, 2016. Effects of short-term grazing exclusion on plant phenology and reproductive succession in a Tibetan alpine meadow [J]. Scientific Reports, 6: 27781.

图书在版编目（CIP）数据

云雾山国家草原自然保护区草地群落研究/赵凌平，陈晓光著.—北京：中国农业出版社，2020.11

河南科技大学动物科技学院"十三五"科技成果系列专著

ISBN 978-7-109-27408-2

Ⅰ．①云… Ⅱ．①赵… ②陈… Ⅲ．①山区－自然保护区－草原－植物群落－研究－石泉县 Ⅳ．①Q948.15

中国版本图书馆 CIP 数据核字（2020）第 188311 号

YUNWUSHAN GUOJIACAOYUAN ZIRANBAOHUQU
CAODIQUNLUOYANJIU

中国农业出版社出版

地址：北京市朝阳区麦子店街 18 号楼

邮编：100125

责任编辑：周晓艳

版式设计：杜 然　责任校对：赵 硕

印刷：化学工业出版社印刷厂

版次：2020 年 11 月第 1 版

印次：2020 年 11 月北京第 1 次印刷

发行：新华书店北京发行所

开本：880mm×1230mm 1/32

印张：6.25 插页：1

字数：205 千字

定价：42.00 元

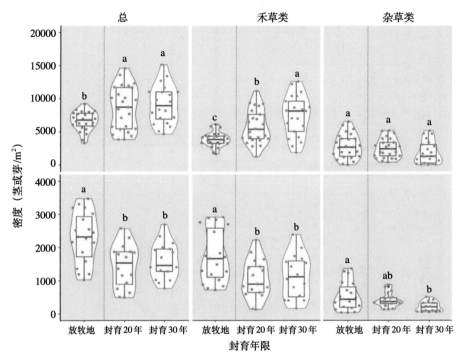

彩图 1　不同封育年限草地地上茎秆密度和地下芽库密度的变化

注：不同颜色的点表示不同草地功能群的茎或芽库密度，不同字母表示差异显著（*P*=0.05）。

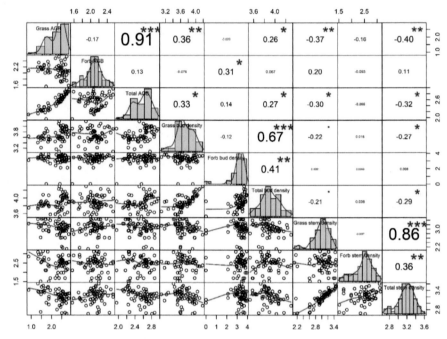

彩图2　草地地上生物量、茎秆密度和芽库密度的关系

注：将用于分析的数据进行了对数转换；Grass AGB，禾草类地上生物量；Forb AGB，杂类草地上生物量；Total AGB，总地上生物量；Grass bud density，禾草类芽库密度；Forb bud density，杂类草芽库密度；Total bud density，总芽库密度；Grass stem density，禾草类茎秆密度；Forb stem density，杂类草茎秆密度；Total stem density，总茎秆密度。*P<0.05；**P<0.01；***P<0.001。